国家自然科学基金
理论物理专款资助

中国科学院大学研究生教材系列

统计力学导引

郑伟谋　著

科 学 出 版 社

北 京

内 容 简 介

本书着重讲解统计力学的基本原理。第 1 章介绍必要的概率统计理论的基础知识。第 2 章"平衡统计力学的基本原理"是本书的中心，强调了吉布斯的平衡态统计力学公理表述，也特别强调了分布支集问题以及与之密切相关的各态历经破缺问题。传统统计物理教科书，通常会在讨论统计力学之前简述热力学。本书在介绍统计力学基本原理之后，由统计力学基本原理推导出热力学，帮助学生准确把握热力学的基本概念如温度、热和熵，这是第 3 章的主要内容。第 4 章处理无相互作用体系。第 5 章讨论相互作用体系，收集了一般教科书未必覆盖的一些内容。第 6 章讨论相变问题。第 7 章整理了有关传统非平衡统计力学的内容，着重近平衡问题。此外，附录中包含了揉面映射，从非线性动力学的角度探讨时间不可逆问题。

本书适合作为物理专业的研究生教材，也适合物理领域的广大科研工作者用作参考书。

图书在版编目（CIP）数据

统计力学导引/郑伟谋著. —北京：科学出版社，2020.6
ISBN 978-7-03-065048-1

Ⅰ. ①统… Ⅱ. ①郑… Ⅲ. ①统计力学–高等学校–教材 Ⅳ. ①O414.2

中国版本图书馆 CIP 数据核字（2020）第 077941 号

责任编辑：钱　俊　陈艳峰 / 责任校对：彭珍珍
责任印制：吴兆东 / 封面设计：陈　敬

科 学 出 版 社 出版

北京东黄城根北街 16 号
邮政编码：100717
http://www.sciencep.com

北京天宇星印刷厂印刷

科学出版社发行　各地新华书店经销
*
2020 年 6 月第　一　版　开本：720×1000　1/16
2024 年 4 月第四次印刷　印张：13　1/4
字数：157 000

定价：78.00 元
（如有印装质量问题，我社负责调换）

前　　言

2015 年春季，本人在中国科学院理论物理研究所给研究生开课讲"平衡态统计物理：概念、意义和方法"。此后的近五年的时间里，我不断修改讲义，形成本书。

统计物理的优秀英语教科书不胜枚举。网站 http://stp.clarku.edu/books/ 列有本科教科书 57 种，研究生教科书 71 种，参考书 66 种，另外还有 2 种畅销的科普书。显然，这个书单不可能是全的，比如说，G E Uhlenbeck, G W Ford 的 *Lectures in Statistical Mechanics* 和 R H Fowler, E A Guggenheim 的 *Statistical Themodynamics* 不在书单上。面对众多的优秀教科书如何下笔，不是仅凭勇气可以解决的。

也许大家都会同意，温度、热和熵是热力学中非常基本的概念，但能准确回答它们的意义的学生并不多。我曾经在不同大学多次问物理系的学生"体系统计力学状态是什么"，能答得上的寥寥无几。我也注意到，我们大学使用很广的统计物理教科书在导言里就出现概念性错误，甚至在得奖的优秀书籍中也难免。问题出在哪里？

王竹溪先生在他的《统计物理学导论》的序中指出："历史上，非平衡过程和分子运动论的研究早于平衡态统计理论的发展。"很长的一段时间里，物理学家企图由经典力学导出统计力学。统计力学首先是平衡态统计力学，其奠基人是吉布斯。吉布斯以他一人之功独立构建了系综理论。我总认为，关于吉布斯工作的伟大意义，并未被充分认识。我有必要提到一本书：R B Lindsay 和 H Margnau 合著的 *Foundation of Physics*

(1946)，中译本《物理学的基础》由许良英先生翻译，商务印书馆 1961 年出版。该书中文版第 262 页提到，"······ 分子运动论是一门不能同统计力学混淆的科学。统计力学以非常一般的方法来处理问题，所得到的定理有广泛的可靠性，而分子运动论常常牵涉到物体的特殊性质，例如要讨论到分子间的碰撞，分子间的力的定律，等等。麦克斯韦和玻耳兹曼的工作大部分在分子运动论的领域里，······"，在第 300 页指出，"在物理学里很少有像吉布斯系综那样抽象并且那样远离经验的观念。在引进这个概念时，没有去寻求同实在的直接关系。因为我们已经指出过，系综并不是物理的事物。吉布斯没有给自己提出要寻找一个会产生所观察到的现象的机构 (如果认为它是和观察的对象是同一的) 这样的问题。他仅仅是谨慎地设计一种逻辑工具，用假设来规定它，由此产生出那些有明确定义的量之间的关系，这些关系能用类比于热力学的关系来说明。"这样明确阐明吉布斯工作的伟大意义的表述，似乎并不多见。我最近注意到，吴大猷先生也将这本书作为他的统计力学讲义的参考书。

　　我感到，也许需要有一本着重讲解统计力学基本原理的书。我给自己定下一个目标：写一本篇幅不大的小书，讲统计力学基本原理，讲统计力学的概念和意义。对于优秀教科书中能找到的内容，则只做轻描淡写，只为勾勒全貌，不惜忽略细节。

　　传统物理学系本科教育中，关于概率论和数理统计的预备知识，相对而言有所欠缺，所以在本书第 1 章介绍必要的概率统计理论的基础知识。第 2 章"平衡统计力学的基本原理"是本书的中心，强调了吉布斯的平衡态统计力学公理表述。分布的支集问题，在本人见过的所有教科书中均未讨论，所以本书特别强调了分布支集问题以及与之密切相关的各态历经破缺问题，1.6.3 节和 2.7 节也有相应的内容。

传统统计物理教科书，通常会在讨论统计力学之前设章节简述热力学。本书在介绍统计力学基本原理之后，由统计力学基本原理推导出热力学，这是第 3 章的主要内容。无疑第 2 章和第 3 章是本书的重点。这三章也企图展示，这种先统计力学后热力学的方式更为简洁自然，也便于学生准确把握热力学的基本概念如温度、热和熵。

第 4 章的内容，除 4.1 节外，并无多少新鲜之处。将玻色--爱因斯坦凝聚列入该章，在于它并非传统的热力学意义下的相变。第 5 章收集了一般教科书未必在单独一册里全部覆盖的内容，包括统计力学反问题这样的一节内容。该章每一节都可以扩张成至少一整章，但我不企图这样做。第 6 章的风格与第 5 章有些类似，唯一的例外是用较大的篇幅讨论未在一般教科书中充分讨论过的 Bethe 近似。Ising 集团平均场的小节内容，是别处没有的。

撰写第 7 章最为费神，我最想传达给读者的，是 7.6.1 节的内容。为了内容的"完整性"，以非常浓缩的方式，整理了有关传统非平衡统计力学的内容。附录包含了揉面映射，从非线性动力学的角度探讨时间不可逆问题，通过揉面映射这样的极简单的保守动力体系，展示轨道演化和分布演化的本质差异，说明不可能由动力学导出统计力学。这部分并不完整，也许留待将来更新。

总之，希望本书可在众多的统计物理优秀教科书之外，提供一种补充，让学生更好地把握统计力学的基本原理，同时对统计物理学的全貌有尽快的认识。正如前面强调过的，我知难而退，放弃"效颦"做力不从心的事情，许多细节让学生直接参考优秀教科书及网上的资源包括各种公共课件。

本书写作得到孙昌璞博士的支持和鼓励，出版过程中钱俊编辑给予不少帮助。本书出版得到国家自然科学基金理论物理专款及中国科学院大学教材出版中心资助。在此一并致谢。

作　者

2020 年 3 月

目 录

第1章 概率统计理论的基础知识

统计力学用多粒子系统的纯粹微观量，表示系统的宏观量，前提是统计分布，主要手段是统计平均。本章为后面的讲述作准备，介绍关于概率统计理论的最必要的一些基础知识。这里的表述未必在数学上严格，只以实用为主。

1.1 概率论的三个基本公式

在概率的公理化定义中，假设随机事件的样本空间为 Ω，而 Ω 的任一子集称为事件。对于 Ω 中的每一事件 A，有一实函数 $P(A)$，满足 (1) 非负性：$P(A) \geqslant 0$；(2) 归一性：$P(\Omega) = 1$；(3) 可加性：对于可数个两两互斥的事件 $\{A_i\}$，有 $\sum\limits_{i=1}^{\infty} P(A_i) = P\left(\bigcup_{i=1}^{\infty} A_i\right)$。那么，称函数值 $P(A)$ 为 Ω 中事件 A 的概率。

必然事件，其概率为 1；不可能事件，其概率为零，但反推未必成立。例如，落点在正方形中一条线上的概率为零，但并非不可能。有三个基本公式是绝对要记住的，它们是和律、积律和边际分布。

和律（互补法则）：A 和 $\bar{A}$ 为互补事件，则 $P(A) + P(\bar{A}) = 1$。它是可加性和归一性的直接结果。

积律（乘法法则）：事件 A 和 B 同时发生的概率，即联合概率 $P(A \cap B) = P(A) \cdot P(B|A) = P(B) \cdot P(A|B)$，此处 $P(A|B)$ 是 B 发生的条件下 A 发生的概率，也称条件概率。

如果 $P(A \cap B) = P(A)P(B)$，则称事件 A 和 B 独立。乘法法则可由表 1.1 得出。表中 w, x, y 和 z 分别为事件 $A \cap B, A \cap \bar{B}, \bar{A} \cap B$ 和 $\bar{A} \cap \bar{B}$ 的计数，因而

$$P(A|B)P(B) = \frac{w}{w+y} \cdot \frac{w+y}{w+x+y+z} = \frac{w}{w+x+y+z},$$
$$P(B|A)P(A) = \frac{w}{w+x} \cdot \frac{w+x}{w+x+y+z} = \frac{w}{w+x+y+z}. \qquad (1\text{-}1)$$

证实积律。由之可直接导得贝叶斯 (Bayes) 定理：$P(A|B) = P(B|A)P(A)/P(B)$。

表 1.1　*A-B* 列联表

	B	$\bar{B}$	
A	w	x	$w+x$
$\bar{A}$	y	z	$y+z$
	$w+y$	$x+z$	$w+x+y+z$

边际分布：$P(A) = P(A \cap B) + P(A \cap \bar{B})$。

这三个公式貌不惊人，但由之可导出许多重要而深刻的结果。例如，边际分布的思想在物理学中常见，许多时候某些因素对建模必要，却不是我们感兴趣的，像蛋白质的水环境或晶体中原子实之外的电子，解得模型后最终要通过积分将它们相应的自由度移除，只保留其平均效果。

贝叶斯定理有许多重要的应用。例如，将 A 解释为模型或假说 H，将 B 解释为观测数据 D，概率 $P(H|D)$ 提供模型选择的依据。更重要的是，它将数理统计与概率论相统一，在概率论的框架下处理数理统计，1.6 节将有进一步的讨论。本节最后看一个例子。

例　SARS 检测：设有一常规的 SARS 检测法的灵敏度和可靠度均为 99%，即患者 (D) 99% 将检出为阳性 (+)，而健康者 (N) 99% 将检出

为阴性 $(-)$。已知一群体的 SARS 罹患率为 0.5%。问每个阳性样本的个体患 SARS 的概率有多大?

先写下已知的所有概率:

$$P(D) = 0.005, \quad P(+|D) = 0.99, \quad P(-|N) = 0.99.$$

于是,$P(N) = 1 - P(D) = 0.995, P(+|N) = 1 - P(-|N) = 0.01$。总阳性率作为边际分布,为

$$P(+) = P(+|D)P(D) + P(+|N)P(N)$$
$$= 0.99 \times 0.005 + 0.01 \times 0.995 = 0.0149.$$

最后由贝叶斯定理,得

$$P(D|+) = \frac{P(+|D)P(D)}{P(+)} = \frac{0.99 \times 0.005}{0.0149} = 0.332.$$

尽管检测法的可靠性并不低,因患者和健康者的个体数很不对称,阳性样本中的假阳性率仍可很高,极易造成误判。

1.2　随机变量的数字特征

随机变量分离散的和连续的。本书将不严格区分二者,特别是混用概率函数的求和式和积分式。

随机变量 X 的分布函数 $F(x) = \Pr[X \leqslant x]$,是 X 取值不大于 x 的概率。其导数 $f(x) = F'(x)$ 是概率密度;$f(x)\mathrm{d}x = \Pr[x \leqslant X \leqslant x + \mathrm{d}x]$。离散型变量的概率密度对应于 δ-函数。分布函数唯一地决定随机变量的全部数字特征。假定随机变量 X 可取任意实值 x,则 X 的函数 $Y = h(X)$ 的数学期望定义为

$$\boldsymbol{E}(Y) = \boldsymbol{E}[h(X)] = \int_{-\infty}^{\infty} h(x)\mathrm{d}F(x) = \int_{-\infty}^{\infty} \mathrm{d}x\, h(x)f(x). \tag{1-2}$$

特别地, 随机变量 X 自身的数学期望即均值为

$$\mu(X) = \boldsymbol{E}(X) = \int_{-\infty}^{\infty} xf(x)\,\mathrm{d}x. \tag{1-3}$$

对应于给定的实数 $\gamma > 0$, X 的 γ 阶绝对矩为

$$M_{\gamma}(X) = \boldsymbol{E}\left(|X|^{\gamma}\right) = \int_{-\infty}^{\infty} |x|^{\gamma} f(x)\,\mathrm{d}x, \tag{1-4}$$

方差定义为

$$\sigma^2(X) = \boldsymbol{E}(X - \boldsymbol{E}X)^2 = M_2(X) - [\mu(X)]^2 = \int_{-\infty}^{\infty} (x-\mu)^2 f(x)\,\mathrm{d}x. \tag{1-5}$$

随机变量 X 的特征函数定义为

$$\varphi(t) = \boldsymbol{E}\left(\mathrm{e}^{\mathrm{i}tX}\right) = \int_{-\infty}^{\infty} \mathrm{e}^{\mathrm{i}tx} f(x)\,\mathrm{d}x, \tag{1-6}$$

由之可得

$$M_k(X) = (-\mathrm{i})^k \left.\frac{\mathrm{d}^k \varphi(t)}{\mathrm{d}t^k}\right|_{t=0}. \tag{1-7}$$

另有矩母函数, 它的定义为

$$m(t) = \boldsymbol{E}\left(\mathrm{e}^{tX}\right) = \int_{-\infty}^{\infty} \mathrm{e}^{tx} f(x)\,\mathrm{d}x, \tag{1-8}$$

对于只取非负整数的所谓整型随机变量, 有母函数

$$g(t) = \sum_{k=0}^{\infty} P_k t^k. \tag{1-9}$$

至此只考虑随机变量 X 为单分量的情形，多数结果可直接推广至多元随机矢量 $\boldsymbol{X} = (X_1, X_2, \cdots, X_n)$。特别地，随机矢量 $\boldsymbol{X}$ 和 $\boldsymbol{Y}$ 的协方差定义为

$$\mathrm{Cov}(\boldsymbol{X}, \boldsymbol{Y}) = \boldsymbol{E}[(\boldsymbol{X} - \boldsymbol{E}\boldsymbol{X})(\boldsymbol{Y} - \boldsymbol{E}\boldsymbol{Y})], \tag{1-10}$$

为 $n \times m$ 矩阵，此处 n 和 m 分别为 $\boldsymbol{X}$ 和 $\boldsymbol{Y}$ 的维数。

问题 证明二随机变量之和的期望为各随机变量期望之和，而二独立随机变量之积的期望为各随机变量期望之积。推导二随机变量之和的方差。二随机变量之和的特征函数呢？

1.3 几个常用分布

离散分布中最简单者为伯努利 (Bernoulli) 试验的 0-1 分布，这时随机变量只取 0 ("失败") 或 1 ("成功")，$p = \mathrm{Pr}(X = 1)$ 是一次试验成功的概率，其母函数为 $g(t) = pt + q$，此处 $q = 1 - p$，矩母函数和特征函数可由将 t 分别替换为 e^t 和 $\mathrm{e}^{\mathrm{i}t}$ 得到。

二项分布，是 n 次伯努利试验中成功次数的分布。记 $\{X_i\}$ 为 n 个独立的有相同 0-1 分布的变量，则 $X = \sum_{i=1}^{n} X_i$ 为二项分布变量，记作 $B(n, p)$。其均值为 $\mu = np$，方差为 $\sigma^2 = npq$，母函数为 $(pt + q)^n$。

问题 推导二项分布变量的均值、方差和母函数。

泊松 (Poisson) 分布，定义为 $\mathrm{Pr}(X = k) = p(k; \lambda) = \mathrm{e}^{-\lambda} \lambda^k / k!$，其中 $\lambda > 0$ 为分布参数。泊松变量记为 $P(\lambda)$，其均值 $\mu = \lambda$，方差 $\sigma^2 = \lambda$，母函数 $g(t) = \mathrm{e}^{-\lambda(1-t)}$。对照二项分布的母函数

$$(pt + q)^n = [1 - (1-t)p]^n \xrightarrow{n \to \infty, np \to \lambda} \mathrm{e}^{-\lambda(1-t)}, \tag{1-11}$$

此式表明, 低概率 p 的偶发二项分布可用参数 $\lambda = np$ 的泊松分布近似。

最重要的连续分布为正态分布,

$$f(x) = \frac{1}{\sqrt{2\pi}\sigma} \exp\left[-\frac{(x-\mu)^2}{2\sigma^2}\right], \tag{1-12}$$

此处 μ 为均值, σ^2 为方差, 变量记作 $X \sim N(\mu, \sigma^2)$, 其矩母函数为 $m(t) = \mathrm{e}^{\mu t + \sigma^2 t^2/2}$。如果 $X \sim N(\mu, \sigma^2)$, 则 $(X-\mu)/\sigma \sim N(0,1)$, 特别称作标准正态分布变量。

χ^2-分布, 与正态分布密切相关。设 $\{X_i\}_{i=1}^n$ 为彼此独立的 $N(0,1)$ 变量, 则 $Q = \sum\limits_{i=1}^n X_i^2$ 称作自由度为 n 的 χ^2-变量, 记作 $\chi^2(n)$, 其分布为

$$\chi^2(x;n) = \left[2^{\frac{n}{2}}\Gamma\left(\frac{n}{2}\right)\right]^{-1} x^{\frac{n}{2}-1}\mathrm{e}^{-\frac{x}{2}}, \quad x \geqslant 0, \tag{1-13}$$

此处 $\Gamma(\alpha) = \int_0^\infty x^{\alpha-1}\mathrm{e}^{-x}\mathrm{d}x$ 为 Γ-函数。χ^2-分布有 $\mu = n$, $\sigma^2 = 2n$, 矩母函数 $m(t) = (1-2t)^{-n/2}$。

> **问题**　由 χ^2-变量的定义知, 其分布对应于半径为 $\sqrt{Q}$ 的 n-维球的球面, 据此推导 (1-13)。另有一个较一般的方法是借助 $\delta(x) = \int_{-\infty}^\infty \mathrm{e}^{i\lambda x}d\lambda$, 不妨尝试。

由 $X \sim N(0,1)$ 和与之独立的 $Q \sim \chi^2(n)$, 可构造 $T = X/\sqrt{Q/n}$, 称作自由度为 n 的 t-变量, 记作 $t(n)$, 其分布为

$$f(x;n) \propto \left(1 + \frac{x^2}{n}\right)^{-\frac{n+1}{2}}. \tag{1-14}$$

指数分布有概率密度

$$f(x) = \lambda\mathrm{e}^{-\lambda x}, \quad x \geqslant 0, \tag{1-15}$$

此处 $\lambda > 0$。该分布有 $\mu = \lambda^{-1}$, $\sigma^2 = \lambda^{-2}$, 矩母函数 $m(t) = (1-t/\lambda)^{-1}$。

正态分布和指数分布及许多其他分布都属于指数型分布, 即其渐近分布与指数分布一致。非指数型分布有短尾型和长尾型分布, 前者以均匀分布为代表, 后者以帕累托 (Pareto) 分布为代表。区间 $[0,1]$ 上的均匀分布有概率密度 $f(x) = 1$, $0 \leqslant x \leqslant 1$, 记作 $X \sim U(0,1)$, 有 $\mu = 1/2$, $\sigma^2 = 1/12$, 矩母函数 $m(t) = (\mathrm{e}^t - 1)/t$。帕累托分布形为幂函数

$$f(x) = r(1+x)^{-r-1}, \quad x \geqslant 0, \tag{1-16}$$

此处 $r > 0$。该分布有 $\mu = r(r-1)^{-1}$ $(r > 1)$, $\sigma^2 = r(r-1)^{-2}(r-2)^{-1}$ $(r > 2)$, 矩母函数不存在。

1.4 大数定律和中心极限定理

大数定律, 又称大数法则, 是由独立重复采样获得概率、均值和方差的理论依据。伯努利最先得到的大数定律说, 随机事件 A 在 n 次独立试验中的频率 ν/n "依概率收敛" 于事件 A 的概率 p:

$$\lim_{n \to \infty} P\left(\left|\frac{\nu}{n} - p\right| < \epsilon\right) = 1. \tag{1-17}$$

之后, 有许多大数定律, 如关于均值和方差的大数定律说, 如果随机变量 X 的均值 μ 和方差 σ^2 存在, 其 n 次独立采样为 $\{X_i\}$, 令样本平均为 $S_n = \dfrac{1}{n}\sum\limits_{i=1}^{n} x_i$, 则

$$\lim_{n \to \infty} P(|S_n - \mu| < \epsilon) = 1, \quad \lim_{n \to \infty} P\left(\left|\frac{1}{n}\sum_{i=1}^{n}(x_i - S_n)^2 - \sigma^2\right| < \epsilon\right) = 1. \tag{1-18}$$

这里的收敛都是 "依概率收敛"，另外有 "几乎处处收敛" 的更强意义下的所谓强大数定律。

中心极限定理是概率论中的一组定理，说明大量相互独立的随机变量，其均值的分布以正态分布为极限。上面大数定律已指出样本平均 S_n 依概率收敛于分布均值 μ，经典中心极限定理进一步描述 S_n 在 μ 附近随机涨落的分布，以林德伯格–列维 (Lindeberg-Lévy) 中心极限定理为例，它指出

$$\sqrt{n}(S_n - \mu) \xrightarrow{d} N(0, \sigma^2). \tag{1-19}$$

此处符号 $\xrightarrow{d}$ 记 "依分布收敛"，即 $n \to \infty$ 时 $\sqrt{n}(S_n - \mu)$ 的分布趋于正态分布 $N(0, \sigma^2)$。

1.5 熵、相对熵和最大熵原理

1.5.1 熵

熵是建立在概率分布上的一个概念，它定义为

$$S = -\sum_i P_i \log P_i. \tag{1-20}$$

在信息论中，一条消息的信息量定义为 $I(P_i) = -\log P_i$，它有如下基本属性：(1) 非负性 $I(P) \geqslant 0$；(2) 必然事件不提供信息，$I(1) = 0$；(3) 独立事件的信息可加，$I(P_x P_y) = I(P_x) + I(P_y)$。熵是所收到每条消息中所含信息量的平均值。这里的一条消息可以是按字母概率发送的一则电文中的单个字母。熵度量不确定度，低可能性事件的发生，将提供更多的信息。

如果事件 A 和 B 相互独立，分别有概率 $\{P_i\}$ 和 $\{Q_j\}$，则因为

$$-\sum_{i,j} P_i Q_j \log(P_i Q_j) = -\sum_{i,j} P_i Q_j (\log P_i + \log Q_j)$$

$$= -\sum_i P_i \log P_i - \sum_j Q_j \log Q_j,$$

有 $S(A \cap B) = S(A) + S(B)$，表明独立随机变量的熵有可加性。

熵的定义涉及对数函数，有关证明中常用到不等式 $\log x \leqslant x - 1$，等号只在 $x = 1$ 时成立。另外一个与数学期望有关的不等式是延森 (Jensen) 不等式：对于凹函数 $\varphi(x)$ 有

$$\varphi\left(\boldsymbol{E}(X)\right) \leqslant \boldsymbol{E}[\varphi(x)]. \tag{1-21}$$

凹函数满足 $\omega\varphi(x_1) + (1-\omega)\varphi(x_2) > \varphi\left(\omega x_1 + (1-\omega)x_2\right),\ \omega > 0$，延森不等式是这个性质的自然推广。由凹函数的性质

$$g(x) \geqslant g(x_0) + g'(x_0)(x - x_0),$$

如果取 $x_0 = \langle x \rangle$，则

$$g(x) \geqslant g(\langle x \rangle) + g'(\langle x \rangle)(x - \langle x \rangle),$$

再取期望即可得延森不等式。

由延森不等式，可得

$$S = \boldsymbol{E}[\log(1/P_i)] = -\boldsymbol{E}[\log P_i] \leqslant -\log\left[\boldsymbol{E}(P_i)\right] = \log n. \tag{1-22}$$

对于均匀分布，$P_i = 1/n$，有 $S = \log n$，即熵退化为状态数的对数，所以熵可解释为有效状态数的对数。上式表明，熵在均匀分布时取最大值。

问题　熵聚类：证明状态归并将引起信息损失导致熵减小。可用最低熵减小作为最佳聚类的判据。

1.5.2　相对熵

库尔巴克 (Kullback) 和莱伯勒 (Leibler) 引入了一个分布 P 相对于另一个参考分布 Q 的熵, 它定义为

$$D_{\mathrm{KL}}(P||Q) = \sum_i P_i \log \frac{P_i}{Q_i}. \tag{1-23}$$

它称为相对熵, 也称 KL-散度。取 $x = Q_i/P_i$, 由 $\log x \leqslant x - 1$, 可证

$$D_{\mathrm{KL}}(P||Q) \geqslant 0,$$

且等式只在 P 和 Q 等同时成立。相对熵可用作度量两个分布 P 和 Q 之间的距离, 但 $D_{\mathrm{KL}}(P||Q)$ 和 $D_{\mathrm{KL}}(Q||P)$ 一般不相等, 可对称化取二者的平均。假定分布 P 和 Q 相近, 将 D_{KL} 展开, 主导项为

$$D_{\mathrm{KL}}(P||Q) \approx \frac{1}{2} \sum_i \frac{(P_i - Q_i)^2}{P_i}. \tag{1-24}$$

表明此时 D_{KL} 近似地为 χ^2-变量。相对熵有许多应用。

1.5.3　最大熵原理

关于一个分布的可证伪的陈述如 “其均值为 μ”, 即它是否成立是可以被验证的。满足预先给定的约束条件的分布, 一般不止一个。最大熵原理说, 在满足所有已知约束的各种分布中, 应选取熵最大者。最大熵, 相当于最大不确定性, 即最大无知, 不添加任何额外的知识。

假定有关于随机变量 X 的 m 个可验信息, 它们可表为 m 个函数 $f^{(k)}(X)$ 的数学期望:

$$\sum_i P(x_i) f^{(k)}(x_i) = F_k, \quad k = 1, 2, \cdots, m. \tag{1-25}$$

此外，概率还满足归一性要求 $\sum\limits_{i} P(x_i) = 1$，则最大化熵 S 的方程为

$$\frac{\partial}{\partial P_j}\left(\sum_i P_i \log P_i - \sum_k \lambda_k \sum_i P_i f_i^{(k)} - \lambda_0 \sum_i P_i\right)$$
$$= \log P_j + 1 - \sum_k \lambda_k f_j^{(k)} - \lambda_0 = 0, \quad k = 1, 2, \cdots, m. \quad (1\text{-}26)$$

此处使用简化记号 $P_i = P(x_i)$，$f_i^{(k)} = f^{(k)}(x_i)$，而 $\lambda_0, \lambda_k(k = 1, 2, \cdots, m)$ 为拉格朗日 (Lagrange) 乘子。由此解得

$$P_j \propto \exp\left(\sum_k \lambda_k f_j^{(k)}\right),$$

于是，

$$P(x_i) = [Z(\lambda_1, \cdots, \lambda_m)]^{-1} \exp\left[\sum_{k=1}^{m} \lambda_k f^{(k)}(x_i)\right],$$
$$Z(\{\lambda_k\}) = \sum_{i=1}^{n} \exp\left[\sum_{k=1}^{m} \lambda_k f^{(k)}(x_i)\right], \quad (1\text{-}27)$$

此处 $Z(\{\lambda_k\})$ 称为配分函数，取 $\log Z$ 关于 λ_k 的导数，得

$$\frac{\partial}{\partial \lambda_k} \log Z = \frac{1}{Z}\frac{\partial Z}{\partial \lambda_k} = \sum_i \frac{1}{Z} \exp\left[\sum_{k=1}^{m} \lambda_k f^{(k)}(x_i)\right] f^{(k)}(x_i) = F_k. \quad (1\text{-}28)$$

因而，由约束条件可导出拉氏乘子应满足的方程。特别考虑 $m = 1$ 的情形，记 $\beta = -\lambda$，$E(x) = f^{(1)}(x)$，有

$$P(x) = Z^{-1}(\beta)\mathrm{e}^{-\beta E(x)}, \quad Z(\beta) = \sum_x \mathrm{e}^{-\beta E(x)},$$
$$U = \sum_x E(x)P(x) = -\frac{\partial}{\partial \beta} \log Z(\beta). \quad (1\text{-}29)$$

上述定义的熵，在信息论中称为香农 (Shannon) 熵。列尼 (Rényi) 将之一般化为

$$H_\alpha(X) = \frac{1}{1-\alpha} \log\left(\sum_i P_i^\alpha\right) = \frac{\alpha}{1-\alpha} \log\left(||\boldsymbol{P}||_\alpha\right), \quad (1\text{-}30)$$

此处 X 记随机变量，$||\boldsymbol{P}||_\alpha \equiv \left(\sum_i P_i^\alpha\right)^{1/\alpha}$ 为概率矢量的 α-模。香农熵对应于 $S = H_1(X)$。相应地，KL-散度的推广为列尼散度

$$D_\alpha(P||Q) = \frac{1}{\alpha-1} \log\left(\sum_i P_i^\alpha Q_i^{1-\alpha}\right), \quad (1\text{-}31)$$

此处 $\alpha > 0$。列尼散度也是非负的，它又称作 α-散度。

在统计物理中还有另一推广的察里斯 (Tsallis) 熵，它定义为

$$S_q(\{P_i\}) = \frac{1}{q-1}\left(1 - \sum_i P_i^q\right), \quad (1\text{-}32)$$

此处 q 为实参数，称为熵指标。香农熵对应于 q 取 1。一般地，$S_q(AB) = S_q(A) + S_q(B) + (1-q)S_q(A)S_q(B)$，不满足可加性。

1.6　从采样到分布

1.6.1　分布参数的点估计

以正态分布为例，简单介绍分布参数的点估计。设状态分布 $N(\mu, \sigma^2)$ 的 μ 和 σ 未知，其 N 次独立采样所得样本集为 $\{x_i\}$，则

$$P\left(\{x_i\}|\mu,\sigma\right) = \left(\frac{1}{\sigma\sqrt{2\pi}}\right)^N \exp\left(-\frac{S^2}{2\sigma^2}\right), \quad S^2 \equiv \sum_{i=1}^N (x_i - \mu)^2. \quad (1\text{-}33)$$

一般而言，$P(x|y)$ 看作 x 的函数时称为概率，而看作 y 的函数时称为似然，只不过是 y 的一个普通函数，并无概率分布的意义，如不必满

足归一条件。往往不在这二者之间严格区分。

我们并无 μ 和 σ 的知识,最简单的假设是取 $P(\mu,\sigma)=\Theta(\sigma)\cdot\mathrm{const}$,即除用阶跃函数 Θ 要求 σ 为正之外,对 μ 和 σ 的取值无任何偏向而取均匀分布。依据贝叶斯定理,

$$P(\mu|\{x_i\})=\int \mathrm{d}\sigma P(\mu,\sigma|\{x_i\})\propto\int P(\{x_i\}|\mu,\sigma)P(\mu,\sigma)\mathrm{d}\sigma\propto S^{1-N}.$$
$$(1\text{-}34)$$

令 $\xi=\sigma/S$,则上式积分的被积函数可表作 S^{1-N} 与只含 ξ 的函数因子的乘积,因而有最后一步的结果。通常由 $P(X)$ 估计 X 的方式有两种,或取 $\boldsymbol{E}(X)$,或取 $\mathrm{arc\,max}_x P(x)$,即取平均值或最可几值。由后者给出的 μ 为

$$\mu^*=\mathrm{arc\,max}_\mu P(\mu|\{x_i\}),$$

因而,μ^* 由如下方程确定:

$$0=\frac{\partial}{\partial\mu}P(\mu|\{x_i\})\propto\sum_i(x_i-\mu),\quad\rightarrow\quad\mu^*=\frac{1}{N}\sum_i x_i.$$

引入 $V=\sum_i(x_i-\mu^*)^2$,则

$$S^2=\sum_i(x_i-\mu^*)^2+\sum_i(\mu-\mu^*)^2=V+N(\mu-\mu^*)^2.$$

因而,

$$P(\mu|\{x_i\})\propto\left[V+N(\mu-\mu^*)^2\right]^{-(N-1)/2}.$$

它属于 t-分布。由之可评估 μ 的设定值,即作参数估计的假设检验。

此外,还可以得到关于 σ 的边际分布为

$$P(\sigma|\{x_i\})=\int \mathrm{d}\mu P(\mu,\sigma|\{x_i\})\propto\sigma^{-N+1}\exp\left(-\frac{V}{2\sigma^2}\right).$$

可以看出,$X=V/\sigma^2$ 为 χ^2-变量。

1.6.2　分布的非参数估计

如果母体分布未知, 往往希望由其 N 次独立采样所得的样本集 $\{x_i\}$ 估计分布。为此, 可引入 $\hat{P}(x|x_i)$, 依据贝叶斯定理写下

$$\hat{P}(x) = \sum_i \hat{P}(x|x_i) P(x_i) = \frac{1}{N} \sum_i \hat{P}(x|x_i). \tag{1-35}$$

可以取 $\hat{P}(x|y) = K_h(x - y)$, 此处 h 为标度参数, 要求函数族 K_h 具备如下标度性质:

$$K_h(z) = \frac{1}{h} K\left(\frac{z}{h}\right).$$

例如, K_h 取高斯核时,

$$K(\boldsymbol{x}) = (2\pi)^{-d/2} |\Sigma|^{-1/2} \exp\left(-\boldsymbol{x}^T \cdot \Sigma^{-1} \cdot \boldsymbol{x}\right). \tag{1-36}$$

如果 Σ 取协方差, 则 $\boldsymbol{x}^T \cdot \Sigma^{-1} \cdot \boldsymbol{x}$ 对应于马哈拉诺比斯 (Mahalanobis) 距离, 取单位阵则对应于欧氏距离。最佳标度因子, 可通过最小化如下 r 或最大化如下 m 来选择:

$$r = \boldsymbol{E}_p\left[\log \frac{P(x)}{\hat{P}(x)}\right], \quad m = \boldsymbol{E}_p\left[\log \hat{P}(x)\right].$$

这里的 r 度量 "真分布" $P(x)$ 和 "估计分布" $\hat{P}(x)$ 之间的 KL-距离。因为真分布不依赖于样本集, 所以可转而最大化 m。

1.6.3　分布的采样实现

计算机上一般都有各种产生均匀分布伪随机数的程序, 由之生成已知分布的一般方法如下: 设待实现的分布为 $F(X)$, 因为 $0 \leqslant F(x) \leqslant 1$, 且 $F(x)$ 为 x 的非降函数, 可通过 $F^{-1}(U(0, 1))$, 即通过对均匀分布的样本值取函数 F 之逆, 得 X 的样本。特定的分布如 $N(\mu, \sigma^2)$, 有各种精巧

的非通用生成方法, 不在此介绍。以下简要讨论蒙特卡罗 (Monte Carlo, MC) 模拟中的梅特罗波利斯–黑斯廷斯 (Metropolis-Hastings, MH) 算法, 它基于马尔科夫 (Markov) 链理论。

马氏链的演化方程为

$$P_j^{t+1} = \sum_i P_i^t T_{ij}, \quad \sum_j T_{ij} = 1, \tag{1-37}$$

此处 P_i^t 为 t 时刻系统处于状态 i 的概率, T_{ij} 为由状态 i 跃迁到状态 j 的转移概率 $T_{ij} = \Pr(j, t+1|i, t)$, 非负且对 j 求和归一。对于状态数有限为 m 的情形, T_{ij} 为转移矩阵 T 的元, 此处假定 T 为常数矩阵。设可引入时间连续的马氏过程, 它满足如下主方程

$$\frac{\mathrm{d}}{\mathrm{d}t} P_j = \sum_i P_i \Gamma_{ij}, \quad \sum_j \Gamma_{ij} = 0. \tag{1-38}$$

引入时间步长小量 τ, 记 $\boldsymbol{P}^t \equiv \boldsymbol{P}(t\tau)$, 由式 (1-37) 可导得

$$P_j^{t+1} - P_j^t = \sum_i P_i^t T_{ij} - \sum_i P_j^t T_{ji}.$$

如果假设 $T_{ij} = \delta_{ij} + \Gamma_{ij}\tau + \mathcal{O}(\tau^2)$ (相当于 $T = \mathrm{e}^{\tau\Gamma}$ 的近似), 则进而由上式得

$$\frac{\mathrm{d}}{\mathrm{d}t} P_j = \lim_{\tau \to 0} \frac{1}{\tau} \left(P_j^{t+1} - P_j^t \right) = \sum_i \left(P_i \Gamma_{ij} - P_j \Gamma_{ji} \right), \tag{1-39}$$

此式与式 (1-38) 完全等价。记 $\boldsymbol{v}^T = (1, 1, \cdots, 1)$, 则不难验证 $\boldsymbol{v}$ 为 T 的本征右矢, 本征值为 1。设该本征值非简并, 且相应的本征左矢为 $\boldsymbol{\pi}$, 则

$$\boldsymbol{\pi} = \boldsymbol{\pi} \cdot T, \tag{1-40}$$

此方程称作全局平衡方程, 表明 π 与 t 无关, 称为全局平衡态。如果

$$\pi_i T_{ij} = \pi_j T_{ji}, \tag{1-41}$$

则称马氏链满足细致均衡条件, 相应地, 以 Γ 写下的细致均衡条件为

$$\pi_i \Gamma_{ij} = \pi_j \Gamma_{ji}, \tag{1-42}$$

细致均衡条件表明 $\mathrm{diag}(\pi_i) \cdot T$ 或 $\mathrm{diag}(\pi_i) \cdot \Gamma$ 为对称阵, 此处 $\mathrm{diag}(x_i)$ 表示以 x_i 为对角元的对角矩阵 X。在细致均衡条件下可证 $D_{\mathrm{KL}}(\boldsymbol{P}\|\pi)$ 的时间演化趋于零, 即任意的初始分布 $\boldsymbol{P}$ 将趋于全局平衡态 π, 推导如下。

$$\begin{aligned}
\frac{\mathrm{d}}{\mathrm{d}t} D_{\mathrm{KL}} &= \sum_j \left(\frac{\mathrm{d}P_j}{\mathrm{d}t} \right) \log \frac{P_j}{\pi_j} = \sum_j \left(\sum_i P_i \Gamma_{ij} \right) \log \frac{P_j}{\pi_j} \\
&= \sum_j \left(\sum_i P_i \Gamma_{ij} \right) \left(\log \frac{P_j}{\pi_j} - \log \frac{P_i}{\pi_i} \right),
\end{aligned} \tag{1-43}$$

此处最后一步的添加项因 $\sum_j \Gamma_{ij} = 0$ 而贡献为零。添加 (i,j) 的交换项, 可得

$$\begin{aligned}
\frac{\mathrm{d}}{\mathrm{d}t} D_{\mathrm{KL}} &= \frac{1}{2} \sum_{i,j} \left(P_i \Gamma_{ij} - P_j \Gamma_{ji} \right) \left(\log \frac{P_j}{\pi_j} - \log \frac{P_i}{\pi_i} \right) \\
&= \frac{1}{2} \sum_{i,j} \pi_i \Gamma_{ij} \left(\frac{P_i}{\pi_i} - \frac{P_j}{\pi_j} \right) \left(\log \frac{P_j}{\pi_j} - \log \frac{P_i}{\pi_i} \right) \leqslant 0,
\end{aligned} \tag{1-44}$$

这里用了细致均衡条件及 $(x - y)$ 与 $(\log x - \log y)$ 同号。因而, D_{KL} 随时间递减, 得证。值得注意, 只有在 $\boldsymbol{P}$ 和 π 等同时, 才有等号成立, 因而有全局平衡态。

于是, 设计转移矩阵 T 使之以给定的分布 π 为全局平衡态, 即可通过马氏链生成分布 π。常用的设计转移矩阵 T 的 MH 算法, 有两套概

率：从旧态 i 生成可供访问的状态 j 的概率 q_{ij}，以及接纳状态 j 为新态的概率 a_{ij}，后者取

$$a_{ij} = \min\left\{1, \frac{\pi_j q_{ji}}{\pi_i q_{ij}}\right\}. \tag{1-45}$$

转移概率为 $T_{ij} = a_{ij}q_{ij}$。不妨设 $\pi_j q_{ji} < \pi_i q_{ij}$，这时 $T_{ij} = \pi_j q_{ji}/\pi_i$，$T_{ji} = q_{ji}$。因而，$\pi_i T_{ij} = \pi_j T_{ji}$，即证实 T_{ij} 的确满足细致均衡条件。细致均衡条件是趋于平衡的充分条件，但并非必要。梅特罗波利斯算法中假定 $q_{ij} = q_{ji}$，此时 a_{ij} 退化为 $a_{ij} = \min\{1, \pi_j/\pi_i\}$。

1.7 例：一维格子上的随机行走

随机行走者在一维格子上游走，每步右行概率为 p，则左行概率为 $q = 1 - p$。记第 i 步游动的随机变量为 s_i，右行对应 $s_i = +1$，左行则 $s_i = -1$。设每步行走，即各 s_i 独立，从原点出发 N 步后的位置或位移 $X = \sum_i s_i$。随机变量 X 的数学期望为

$$\langle X \rangle \equiv \boldsymbol{E}X = \left\langle \sum_{i=1}^N s_i \right\rangle = N\langle s \rangle = N \sum_{t=\pm 1} t p_t = N(p-q). \tag{1-46}$$

其二阶矩为

$$\langle X^2 \rangle = \left\langle \sum_{i,j} s_i s_j \right\rangle = N + N(N-1)(p^2 - 2pq + q^2) = N^2(p-q)^2 + 4Npq.$$

于是，方差 $\sigma^2(X) = \langle X^2 \rangle - \langle X \rangle^2 = 4Npq$。更简单的计算用 $\sigma^2\left(\sum_i s_i\right) = \sum_i \sigma^2(s_i) = N\sigma^2(s_i) = N[1 - (p-q)^2] = 4Npq$。

引入 $N_\pm = \frac{1}{2}(N \pm X)$，有 $N = N_+ + N_-$，$X = N_+ - N_-$，表明 $N_\pm$ 为 N 步中右行和左行的总步数。可以写出 N 步后位移为 X 的概率是

$$P_{N,X} = \frac{N!}{N_+!N_-!}p^{N_+}q^{N_-} \sim B(N, p),$$

即 X 为二项分布变量。借助于斯特灵 (Stirling) 公式 $\log n! = n \log n - n + \mathcal{O}(\log n)$，引入 $x \equiv X/N$, $n_\pm \equiv N_\pm/N = \dfrac{1}{2}(1 \pm x)$，则当 $N_\pm$ 很大时近似地有

$$\log P_{N,X} \approx -N(n_+ \log n_+ + n_- \log n_-) + N(n_+ \log p + n_- \log q).$$

记 $s \equiv -n_+ \log n_+ - n_- \log n_-$, $v_+ = -\log p$, $v_- = -\log q$, $\bar{v} \equiv n_+ v_+ + n_- v_-$，则

$$P_{N,X} = C e^{-Nf(x)}, \quad f(x) \equiv \bar{v}(x) - s(x),$$

此处 C 为常数归一因子。函数 $f(x)$ 的极值点 x^* 可以确定如下：

$$0 = f'(x) = \frac{1}{2}(\log n_+ - \log n_- - \log p + \log q) \ \rightarrow \ \frac{n_+}{n_-} = \frac{p}{q} = \frac{1+x}{1-x}.$$

最后得 $x^* = p - q$。再求 $f(x)$ 的二阶导数，得

$$f''(x) = \frac{1}{4}\left(\frac{1}{n_+} + \frac{1}{n_-} \right) = \frac{1}{1-x^2} \overset{x=x^*}{=\!=} \frac{1}{4pq}.$$

因而，

$$P_{N,X} \approx C \exp\left[-\frac{N(x-x^*)^2}{8pq} \right].$$

注意到 $\mu(X) = \langle X \rangle = Nx^*$, $\sigma^2(X) = 4Npq$，上式与中心极限定理一致。

设一条 N 步行走的序列为 $\{s_i\}_{i=1}^N$，则

$$\Pr(\{s_i\}) = p^{N_+} q^{N_-}.$$

对数似然 L 取最大的条件为

$$0 = \frac{\partial L}{\partial p} = \frac{\partial}{\partial p}[N_+ \log p + N_- \log q - \lambda(p+q)] = \frac{N_+}{p} - \lambda,$$

得 $N_+ = \lambda p$。同样, 由 $0 = \partial L/\partial q$ 得 $N_- = \lambda q$。于是, $\lambda = N_+ + N_- = N$, 有最大似然估计 $p = N_+/N = n_+$, 这与大数定律一致。这里给定了单条序列 $\{s_i\}$, 由之推断最可能的概率参数 p 的取值。最大对数似然为 $N\ell = N(n_+ \log n_+ + n_- \log n_-) = -Ns$, 与熵表达式差一负号, 可称为负熵。

假定只有 $\langle X \rangle$ 给定, 根据最大熵原理, 任一可能序列 $\{s_i\}$ 的概率

$$P(\{s_i\}) \propto \exp[\lambda X(\{s_i\})] = \exp[\lambda(N_+ - N_-)] = \left(e^\lambda\right)^{N_+} \left(e^{-\lambda}\right)^{N_-},$$

与之对应, 有 $p = e^\lambda / \left(e^\lambda + e^{-\lambda}\right)$。此处 $\mp\lambda$ 与以上 $v_\pm$ 对应, 将之解释为二能级, 则 $P(\{s_i\})$ 有玻耳兹曼 (Boltzmann) 分布的形式。可能的 N 步序列有 2^N 种。对照上面的讨论, 最大熵对应于将二项分布 $P_{N,X}$ 中特定 X 的组合因子取最大, 即包含最多的与 X 相容的序列。与最大似然估计考虑单条序列的情形不同, 这里考虑多条序列。

第 2 章　平衡统计力学的基本原理

宏观系统有为数不多的几个可直接观测量, 如气体的压强 p、体积 V 和温度 T。热力学描述这些量之间的关系, 唯象刻画系统的整体行为。统计力学的目的是研究宏观物体的行为和性质所遵循的特殊一类规律性, 它的一个重要任务是解释作为唯象理论的热力学。统计力学可由分子微观性质计算热力学量。统计力学有双重意义: 由微观力学 (如分子能级、谱学测量) 知识计算热力学量, 由测量宏观热力学性质反推微观性质 (如分子间相互作用)。统计力学可以突破热力学的局限, 将研究延伸至热力学不再成立的领域。非平衡态体系一般没有简单的热力学宏观量描述, 但分布函数描述仍是明确的。统计力学处理服从哈密顿动力学的微观系统, 但原则上微观对象也可以是经济学量、社会学量等, 它们并不满足哈密顿动力学。

2.1　统计规律性

考虑体积为 V 的空间里有遵从经典哈密顿动力学的 N 个粒子, 这个体系的状态由这些粒子的坐标和动量 $(\boldsymbol{r}_1, \boldsymbol{r}_2, \cdots, \boldsymbol{r}_N; \boldsymbol{p}_1, \boldsymbol{p}_2, \cdots, \boldsymbol{p}_N) \equiv (\boldsymbol{r}^N, \boldsymbol{p}^N)$ 给定, 这种状态也叫微观构象态或构象态。构象态对应于由 $\boldsymbol{r}^N$ 和 $\boldsymbol{p}^N$ 所张成的 $6N$ 维相空间中的一点。设体系哈密顿量为 $\mathcal{H}(\boldsymbol{r}^N, \boldsymbol{p}^N) = K(\boldsymbol{p}^N) + U(\boldsymbol{r}^N)$, 则运动方程为

$$\dot{\boldsymbol{r}}_j = \frac{\partial \mathcal{H}}{\partial \boldsymbol{p}_j}, \qquad \dot{\boldsymbol{p}}_j = -\frac{\partial \mathcal{H}}{\partial \boldsymbol{r}_j}. \tag{2-1}$$

体系构象态随时间的演化，在相空间中描画出一条 "相轨道" 或分子轨道。这样的体系虽然遵从经典力学，不难写下运动微分方程，但其自由度巨大，不可能对给定的初条件积分方程求解。巨大的自由度数目，导致体系全新的规律性。作为热力学研究对象的宏观体系总是存在于某种环境之中。内在的（混沌系统动力学不可预测性）和外在的（环境扰动噪声）原因，使得分子轨道之间不断混合。原先的分子轨道图像不复存在，精确求解动力学也不再必要。体系出现新的规律性，即统计规律性，例如，体积 V 内任一足够大的体元中的粒子数相当恒定。这导致热力学中的观测结果：大系统表现出十分简单有序的行为，可仅用少数几个变量表征。这时分子轨道的语言为分布的语言所替代。统计规律性定义了体系的一种全新的状态，即统计力学状态，它指定了支在相空间上的一个分布，刻画体系可在特定相空间点附近出现的概率。应该强调，这种统计规律性不依赖于微观规律的具体细节，无论粒子的运动是用经典力学还是用量子力学描述，统计力学的理论框架并不改变。不过，本书多从经典力学出发讨论。热力学中的热力学平衡宏观状态即热力学态，由少数几个独立变量完全限定，相应地，有热力学态空间。热力学态空间中的路径对应于热力学过程。热力学量，一些可借助统计力学分布，通过求平均得到，另一些则并非平均量而须由分布直接导出，后者有必要特别指出。区分构象态、统计力学状态和热力学态并不难，自觉地准确运用这些概念思考和分析问题至关重要。

2.2 统计力学的基本原理

体系的统计力学状态，是指支在相空间上的一个分布。就像量子力学首先必须给出波函数的动力学方程一样，统计力学首先必须给出分布的动力学方程。一般而言，分子轨道的动力学演化时间尺度远小于分布演化的时间尺度。统计力学体系，总是处于环境中，且具有大自由度，使得精确求解分子轨道动力学既不可能也非必要。这也是体系平衡态存在简单的宏观热力学描述的原因。大自由度的微观体系，作为动力系统，除哈密顿量外不存在其他的独立运动积分。在理想的情形下，体系只有哈密顿量，并且只是在统计平均的意义上是守恒的。统计力学体系的分布演化的长时间行为，可只决定于其哈密顿量。

体系的分布演化动力学，以主方程描述最为自然而直接。演化方程的一个必要条件是，在适当条件下的时间演化趋于相应的平衡分布，而与初始分布无关。一般的时间离散的分布演化主方程，可写成

$$P_{t+1}(\boldsymbol{z}) = \int \mathrm{d}\boldsymbol{z}'\, P_t(\boldsymbol{z}') T(\boldsymbol{z}' \to \boldsymbol{z}), \tag{2-2}$$

此处采用集体坐标记号 $\boldsymbol{z} \equiv (\boldsymbol{r}^N, \boldsymbol{p}^N)$，$T(\boldsymbol{z} \to \boldsymbol{z}')$ 为转移概率，决定演化动力学。转移概率本身需要满足一般的基本要求：

$$T(\boldsymbol{z} \to \boldsymbol{z}') \geqslant 0, \quad \int \mathrm{d}\boldsymbol{z}'\, T(\boldsymbol{z} \to \boldsymbol{z}') = 1, \tag{2-3}$$

此处第二条件保证概率守恒。

如果要求转移概率 $T(\boldsymbol{z} \to \boldsymbol{z}')$ 进一步满足如下细致均衡条件：

$$\mathrm{e}^{-\beta H(\boldsymbol{z})} T(\boldsymbol{z} \to \boldsymbol{z}') = \mathrm{e}^{-\beta H(\boldsymbol{z}')} T(\boldsymbol{z}' \to \boldsymbol{z}), \tag{2-4}$$

此处 β 为环境或热库的温度，则转移概率由体系哈密顿量限定，且分布动力学保证初始分布趋于正则平衡分布 $P_{\mathrm{eq}}(\boldsymbol{z}) = Z^{-1}\mathrm{e}^{-\beta H(\boldsymbol{z})}$，此处 $Z \equiv \int \mathrm{d}\boldsymbol{z}\, \mathrm{e}^{-\beta H(\boldsymbol{z})}$。首先，$P_{\mathrm{eq}}(\boldsymbol{z})$ 的确是主方程 (2-2) 的不随时间变化

的解：

$$\int \mathrm{d}\boldsymbol{z}' \, \mathrm{e}^{-\beta H(\boldsymbol{z}')} T(\boldsymbol{z}' \to \boldsymbol{z}) = \int \mathrm{d}\boldsymbol{z}' \, \mathrm{e}^{-\beta H(\boldsymbol{z})} T(\boldsymbol{z} \to \boldsymbol{z}') = \mathrm{e}^{-\beta H(\boldsymbol{z})},$$

此处用到条件 (2-3)。其次，引入

$$L_t \equiv \int \mathrm{d}\boldsymbol{z} \, [P_t(\boldsymbol{z}) - P_{\mathrm{eq}}(\boldsymbol{z})]^2 / P_{\mathrm{eq}}(\boldsymbol{z}),$$

可证明 L_t 是随时间递减的：

$$
\begin{aligned}
L_{t+1} &= \int \mathrm{d}\boldsymbol{z} \, \frac{[P_{t+1}(\boldsymbol{z}) - P_{\mathrm{eq}}(\boldsymbol{z})]^2}{P_{\mathrm{eq}}(\boldsymbol{z})} \\
&= \int \mathrm{d}\boldsymbol{z} \, \frac{\left[\int \mathrm{d}\boldsymbol{z}' P_t(\boldsymbol{z}') T(\boldsymbol{z}' \to \boldsymbol{z}) - P_{\mathrm{eq}}(\boldsymbol{z})\right]^2}{P_{\mathrm{eq}}(\boldsymbol{z})} \\
&= \int \mathrm{d}\boldsymbol{z} \int \mathrm{d}\boldsymbol{z}' \, \frac{[P_t(\boldsymbol{z}') - P_{\mathrm{eq}}(\boldsymbol{z}')]^2}{P_{\mathrm{eq}}(\boldsymbol{z})} T^2(\boldsymbol{z}' \to \boldsymbol{z}) \\
&= \int \mathrm{d}\boldsymbol{z} \int \mathrm{d}\boldsymbol{z}' \, \frac{[P_t(\boldsymbol{z}') - P_{\mathrm{eq}}(\boldsymbol{z}')]^2}{P_{\mathrm{eq}}(\boldsymbol{z}')} \frac{P_{\mathrm{eq}}(\boldsymbol{z}')}{P_{\mathrm{eq}}(\boldsymbol{z})} T^2(\boldsymbol{z}' \to \boldsymbol{z}) \\
&= \int \mathrm{d}\boldsymbol{z}' \, \frac{[P_t(\boldsymbol{z}') - P_{\mathrm{eq}}(\boldsymbol{z}')]^2}{P_{\mathrm{eq}}(\boldsymbol{z}')} \int \mathrm{d}\boldsymbol{z} \, T(\boldsymbol{z}' \to \boldsymbol{z}) T(\boldsymbol{z} \to \boldsymbol{z}') \\
&\leqslant \int \mathrm{d}\boldsymbol{z}' \, \frac{[P_t(\boldsymbol{z}') - P_{\mathrm{eq}}(\boldsymbol{z}')]^2}{P_{\mathrm{eq}}(\boldsymbol{z}')} = L_t,
\end{aligned}
$$

此处用到平衡解的不变性，以上推导中出现的 $\int \mathrm{d}\boldsymbol{z} \, T(\boldsymbol{z}' \to \boldsymbol{z}) T(\boldsymbol{z} \to \boldsymbol{z}')$，其意义是两步演化转移矩阵 T^2 的对角元。（证明对于连续情形不很严格，$T^2(\boldsymbol{z}' \to \boldsymbol{z}'') \leqslant \delta(\boldsymbol{z}' - \boldsymbol{z}'')$。）因而，$P_{\mathrm{eq}}(\boldsymbol{z})$ 为长时间演化趋于的平衡解。最终，统计力学原理可表述如下：热库有唯一属性温度 β，热库中的热力学体系的行为由主方程 (2-2) 描写，其转移概率满足 (2-4)。

从关于蒙特卡罗分布采样的梅特罗波利斯–黑斯廷斯算法的描述中知，在细致均衡条件的约束下转移概率可有多种选择，例如在约定近邻的含义之后，可限定仅访问紧近邻或是包括次近邻。显然，转移概率的不同选择将影响分布演化的细节，但不影响上述的讨论和结果。关于分布演化的非平衡统计力学的讨论，不是本讲义的重点，在最后一章会有所讨论，以下将仅聚焦于平衡统计分布。

2.3　正 则 系 综

分子轨道的时间尺度和分布的时间尺度彼此分离，这导致时间在平衡统计力学中不扮演举足轻重的角色。上述的统计力学原理给出平衡统计分布为正则分布。关于正则分布，值得稍深入地讨论。

(1) **闭合体系的平衡态以平均能量为唯一的可验信息。**

闭合体系中，决定体系哈密顿量的所有外部参数如粒子数、体积等变量均已给定。设体系在相空间上的分布为 $P(\boldsymbol{r}^N, \boldsymbol{p}^N)$，则这里的可验信息可表作

$$U = \int \mathrm{d}\boldsymbol{r}^N \, \mathrm{d}\boldsymbol{p}^N \, E(\boldsymbol{r}^N, \boldsymbol{p}^N) P(\boldsymbol{r}^N, \boldsymbol{p}^N), \tag{2-5}$$

此处 E 为体系能量。根据最大熵原理，体系的分布应取

$$P(\boldsymbol{r}^N, \boldsymbol{p}^N) = Z(\beta, N, V)^{-1} \exp[-\beta E(\boldsymbol{r}^N, \boldsymbol{p}^N)], \tag{2-6}$$

此处 Z 为定义如下的配分函数或"状态和"

$$Z(\beta, N, V) = \int \mathrm{d}\boldsymbol{r}^N \, \mathrm{d}\boldsymbol{p}^N \, \exp[-\beta E(\boldsymbol{r}^N, \boldsymbol{p}^N)]. \tag{2-7}$$

这里约定，已适当选取单位使得玻耳兹曼常数 $k_\mathrm{B} = 1$。后面将会看到，分布参数 $\beta = 1/T$，为温度 T 的倒数或倒温度，只要不引起混淆也直接称 β 为温度。（统计力学的表达式中永远只出现 $k_\mathrm{B}T$ 的组合。）这个分布在统计力学中称为正则系综分布或麦克斯韦 (Maxwell)–玻耳兹曼分布。

平均能量 U 是热力学中的内能, 可用配分函数 Z 表出

$$U = -\frac{\partial}{\partial \beta}[\log Z(\beta, N, V)]. \tag{2-8}$$

统计力学研究处在环境中的体系。环境可以是状态预设的测量仪器、其他系统或热浴。环境的理想模型称为热库。可以想象它的自由度要多大就有多大, 其具体的粒子组成及动力学并不重要。其本质在于, 它处于平衡态, 为处于其中的体系提供能量交换, 在与体系交换能量的过程中热库的状态不发生改变, 或者说其状态改变永远可略。因而, 热库永远处于平衡态, 其最重要的属性是它的温度 β。简而言之, 热库是恒温的能量池。

值得注意, 通常教科书给出的配分函数定义式 (2-7) 中, 均不指明积分范围。它应为分布函数式 (2-6) 的支集。支集的指定, 是统计力学计算的第一步, 取决于所研究的物理体系和问题。支集在统计力学中扮演的角色, 未受到应有的重视。

(2) **仅与热库有能量交换的体系将趋于平衡态且该平衡态的温度取热库温度。**

以上叙述了正则系综分布。1902 年吉布斯 (Gibbs) 引入了系综的概念, 它是满足某种统计分布的物理实体的集合, 物体的性质由取系综的统计平均来计算。关于系综概念, 马上庚认为它 "不必要而且不合事实"。的确, "系综" 至多只能看作是 "分布" 的同义词, 将之解释为体系的某种复本集合, 是画蛇添足。其实, 在对单个宏观体系作热力学测量的时间尺度内, 感知的是统计力学状态即分布, 物理体系也是依分布制备的。考虑历史上的原因, 也不必取消 "系综" 一词, 只当它是 "分布" 的同义词就足够了。

可验信息限定了能量均值即内能，但正则分布的能量具有涨落。内能可用配分函数 Z 关于温度 β 的导数表出，能量的涨落同样可用配分函数 Z 表出，能量的方差为

$$
\begin{aligned}
\langle(\delta E)^2\rangle &\equiv \langle(E-\langle E\rangle)^2\rangle = \langle E^2\rangle - \langle E\rangle^2 \\
&= Z^{-1}\left(\frac{\partial^2 Z}{\partial\beta^2}\right)_{N,V} - \left[Z^{-1}\left(\frac{\partial Z}{\partial\beta}\right)_{N,V}\right]^2 \\
&= \left(\frac{\partial^2 \log Z}{\partial\beta^2}\right)_{N,V} = -\left(\frac{\partial U}{\partial\beta}\right)_{N,V}.
\end{aligned} \tag{2-9}
$$

注意到等容热容量的定义 $C_V = (\partial U/\partial T)_{N,V}$，有 $\langle(\delta E)^2\rangle = \beta^{-2}C_V$。能量涨落正比于温度的平方，表明它可取作温度的一种度量，反映分子轨道混合的程度。这个结果将能量的自发涨落与因温度变化引起的能量变化的响应率联系起来，也预示着线性响应理论和涨落–耗散定理。

2.4　其他系综和系综等价性

正则系综直接描述的是 T-V-N 固定的恒温、恒容和恒质的体系。许多实验是在恒压而非恒容的恒温条件下进行，如在大气压下的实验。这时，最大熵原理的可验约束除平均能量外，另有平均体积约束。这样的系综称为吉布斯系综，它的最大熵分布为

$$
P(\boldsymbol{r}^N, \boldsymbol{p}^N) = Y(\beta, N, p)^{-1}\exp\{-\beta[E(\boldsymbol{r}^N, \boldsymbol{p}^N) + pV]\}, \tag{2-10}
$$

此处新的拉氏乘子 p 为压强，Y 为如下定义的配分函数

$$
Y(\beta, N, p) = \int d\boldsymbol{r}^N d\boldsymbol{p}^N \exp\{-\beta[E(\boldsymbol{r}^N, \boldsymbol{p}^N) + pV]\}. \tag{2-11}
$$

与正则分布式 (2-6) 相比，哈密顿量 $\mathcal{H}$ 已替代为有效哈密顿量 $\tilde{\mathcal{H}} =$

$\mathcal{H} + pV$。平均体积 $\langle V \rangle$ 用配分函数 Y 表出为

$$\langle V \rangle = -\frac{\partial}{\beta \partial p}[\log Y(\beta, N, p)]. \tag{2-12}$$

通常，在化学反应体系中粒子有多种组分，粒子数为向量 $\boldsymbol{N} = (N_1, \cdots, N_m)$，且不固定。这时最大熵原理的可验约束为平均能量和平均粒子数。相应地，拉氏乘子除 β 外还有 $\boldsymbol{\mu} = (\mu_1, \cdots, \mu_m)$，有效哈密顿量为 $\tilde{\mathcal{H}} = \mathcal{H} - \boldsymbol{\mu} \cdot \boldsymbol{N}$。相应的最大熵分布称作巨正则系综分布，定义如下

$$P(\boldsymbol{r}^N, \boldsymbol{p}^N) = \Xi(\beta, \boldsymbol{\mu}, V)^{-1} \exp\{-\beta[E(\boldsymbol{r}^N, \boldsymbol{p}^N) - \boldsymbol{\mu} \cdot \boldsymbol{N}]\}, \tag{2-13}$$

此处 Ξ 为如下定义的配分函数

$$\Xi(\beta, \boldsymbol{\mu}, V) = \sum_{\boldsymbol{N}=\boldsymbol{0}}^{\infty} \int \mathrm{d}\boldsymbol{r}^N \mathrm{d}\boldsymbol{p}^N \exp\{-\beta[E(\boldsymbol{r}^N, \boldsymbol{p}^N) - \boldsymbol{\mu} \cdot \boldsymbol{N}]\}. \tag{2-14}$$

平均粒子数 $\langle N_i \rangle$ 用配分函数 Ξ 表出为

$$\langle N_i \rangle = \frac{\partial}{\beta \partial \mu_i}[\log \Xi(\beta, \boldsymbol{\mu}, V)]. \tag{2-15}$$

考虑单种粒子体系 S 在热浴 B 中，二者处于热平衡，构成世界 W。假定体系体积固定但可与热浴交换粒子。粒子数 $N_{\mathrm{W}} = N_{\mathrm{B}} + N_{\mathrm{S}} \equiv M + N$，此处下标 W、B 和 S 分别指"世界"、"热浴"和"体系"。设体系和热浴间的相互作用比起它们自身的哈密顿量之和可略，则世界的哈密顿量可近似作 $\mathcal{H}_{\mathrm{W}} = \mathcal{H}_{\mathrm{B}} + \mathcal{H}_{\mathrm{S}}$。体系的能级应与其粒子数 $N_{\mathrm{S}} \equiv N$ 有关，以具有双重下标的 E_{nN} 表示。相应地，热浴的能级以 E_{mM} 表示。对于世界某个特定的能量 $E_{\mathrm{W}} = E_{mM} + E_{nN}$，通常有多个 mM 和 nN 的组合和式满足 E_{W}，对应于卷积关系。在特定的 N 下，正则分布适用于世界、

体系和热浴，可分别写下它们的正则分布，但如下关系式

$$P(E_W) = Z_W^{-1} \exp(-\beta E_W) = Z_B^{-1} \exp(-\beta E_{mM}) \cdot Z_S^{-1} \exp(-\beta E_{nN}) \tag{2-16}$$

一般并不成立，加上对 nN 的卷积求和才成立。不过，这个求和可用特定 N 的最可几项，即 $\exp(-\log Z_B - \beta E_{mM} - \log Z_S - \beta E_{nN})$ 的最大项，很好地近似。决定最可几 N 的方程为

$$\frac{\partial \log Z_S}{\partial N} = -\frac{\partial \log Z_B}{\partial N} = \frac{\partial \log Z_B}{\partial N_B} \approx \frac{\partial \log Z_W}{\partial N_W} \equiv -\beta\mu, \tag{2-17}$$

此处求偏微商时温度 β 及相应的体积保持不变，推导中用到 $N_W = N_B + N$ 为常数，且 $N \ll N_W$。这里重要的是，μ 与 N 无关。因而，

$$\log P(E_{nN}) = \log P(E_W) - \log P(E_{mM}) = \alpha - \beta E_{nN} + \beta\mu N, \tag{2-18}$$

此式实质上是 $\log P(E_W)$ 对小 N 的展开，此处已将所有常数项（例如 $\partial \log P(E_W)/\partial V_W$ 的有关项）全部吸收在 α 中。也就是说，

$$P(E_{nN}) \propto \exp[-\beta(E_{nN} - \mu N)], \tag{2-19}$$

得巨正则分布。同样，由正则分布也可导出吉布斯系综分布。这里的推导要求体系和热浴都很大。应该指出，正则分布中粒子数是固定的，而巨正则分布中粒子数不固定，有涨落。不过根据中心极限定理，体系很大时涨落很快趋于零。同样，正则分布中体积固定，而吉布斯系综分布中体积有涨落。不同系综最显著的差异在于独立变量的选取不同，如正则分布、巨正则分布和吉布斯系综分布各有配分函数 $Z(\beta, V, N)$、$\Xi(\beta, V, \mu)$ 和 $Y(\beta, p, N)$。

2.4.1 微正则系综

微正则系综，又称 NVE 系综，考虑体系能量处于以 E 为中心的无限窄区的极限。特别是在原理上，微正则系综看似最为简单，但它不对应于实际体系，除了计算上的不便之外，对熵和温度等的定义还存在含糊性。微正则系综中，可借助于能量小于 E 的相体积函数 $v(E)$，定义出三种熵。

相体积函数的定义对于量子力学和经典力学有所不同。通常有必要引入宽度为 ω 的以 E 为中心的归一核函数即光滑函数 $f\left(\dfrac{H-E}{\omega}\right)$。在量子力学中，分布用密度矩阵 $\hat{\rho}$

$$\hat{\rho}(E) = \frac{1}{W}\sum_i f\left(\frac{H_i-E}{\omega}\right)|\psi_i\rangle\langle\psi_i|, \quad W = \sum_i f\left(\frac{H_i-E}{\omega}\right),$$

此处 H_i 和 $|\psi_i\rangle$ 为哈密顿量的本征值和本征矢。如果取微正则系综的极限 $\omega \to 0$，原本的 $\delta(H-E)$ 会出问题，因为能量面宽度小于能级间隔时能级计数可能为零。复杂体系的能级简并几乎仅偶然发生，最终能级计数随能量值离散变化，导数只能取零或无穷。因而，有必要通过光滑函数 f 保持能量面的宽度，NVE 系综成为 $NVE\text{-}\omega$ 系综。

$$\rho = \frac{1}{h^n C}\frac{1}{W}f\left(\frac{H-E}{\omega}\right), \quad W = \int \mathrm{d}\boldsymbol{q}^N \mathrm{d}\boldsymbol{p}^N \frac{1}{h^n C}f\left(\frac{H-E}{\omega}\right),$$
$$v(E) = \int_{H<E} \mathrm{d}\boldsymbol{q}^N \mathrm{d}\boldsymbol{p}^N \frac{1}{h^n C},$$

此处 C 为（如粒子等同性的）重复计数修正因子，W 相当于展宽的能量面的有效体积，因而有 $W = \omega(\mathrm{d}v/\mathrm{d}E)$。

关于系综与热力学的对应，玻耳兹曼只考察了理想气体，详细的深入分析是吉布斯完成的。三种熵的定义分别为玻耳兹曼熵 S_{B}、体积熵 S_v

和面积熵 S_s:

$$S_B = k \log W = k \log(\omega\, \mathrm{d}v/\mathrm{d}E), \quad S_v = k \log v,$$

$$S_s = k \log(\mathrm{d}v/\mathrm{d}E) = S_B - k \log \omega,$$

相应的温度可定义为 $1/T_v = \mathrm{d}S_v/\mathrm{d}E$ 和 $1/T_s = 1/T_B = \mathrm{d}S_s/\mathrm{d}E = \mathrm{d}S_B/\mathrm{d}E$。由体积熵可以导得

$$\mathrm{d}E = T_v \mathrm{d}S_v - \langle p \rangle \mathrm{d}V,$$

对应于热力学第一定律，虽然由面积熵也可得到类似公式，但压强复杂且不对应于相应量的平均。微正则系综的 T_v 或 T_s 虽均与 ω 无关，但仍未能完全担负热力学温度的角色，例如，不指示热的流向。记体系 1、2 及其复合体系的能量分别为 E_1、E_2 和 $E_{12} = E_1 + E_2$，一般而言，$\mathrm{d}S_{v1}/\mathrm{d}E_1 = \mathrm{d}S_{v2}/\mathrm{d}E_2$ 不保证 $\mathrm{d}S_{v1}/\mathrm{d}E_1 = \mathrm{d}S_{v2}/\mathrm{d}E_2 = \mathrm{d}S_{v,12}/\mathrm{d}E_{12}$。只有在复合体系微正则系综的平均意义下，

$$\mathrm{d}S_{v,12}/\mathrm{d}E_{12} = \langle \mathrm{d}S_{v1}/\mathrm{d}E_1 \rangle_{E_{12}} = \langle \mathrm{d}S_{v2}/\mathrm{d}E_2 \rangle_{E_{12}}.$$

微正则系综在处理复合体系时有较严重困难，还因体系态密度未必单调而出现负温度。从正则系综出发看微正则系综，即从正则系综推导出微正则系综，容易发现问题所在。

问题　微正则系综在什么条件下可由正则系综导出？

2.5　例：理想系统

考虑体积 $V = L^3$ 内由质量 m 的无结构粒子组成的理想气体，能量仅由质心的平动决定，单粒子的能量可表示为

$$\epsilon_{\boldsymbol{k}} = \frac{\hbar^2 k^2}{2m}, \quad \boldsymbol{k} = \frac{2\pi}{L}\boldsymbol{n}, \quad \boldsymbol{n} = n_x \boldsymbol{e}_x + n_y \boldsymbol{e}_y + n_z \boldsymbol{e}_z, \tag{2-20}$$

此处 $\boldsymbol{e}_x$, $\boldsymbol{e}_y$ 和 $\boldsymbol{e}_z$ 为空间坐标单位矢, $\boldsymbol{n}$ 为能级指标。设系统与温度为 β 的热库处于热力学平衡。于是, 正则分布配分函数可写作

$$Z(\beta, V, N) = \frac{1}{N!}\left[\sum_{n_x, n_y, n_z} \exp\left(-\frac{\beta\hbar^2 k^2}{2m}\right)\right]^N. \tag{2-21}$$

此处的额外因子 $1/N!$ 将在第 4 章中讨论。因为 L 很大, 能级间隔很小, 求和可化作积分如下:

$$\Delta n = \frac{L}{2\pi}\Delta k \to \frac{L}{2\pi}\mathrm{d}k, \quad \sum_{n_x} \to \frac{L}{2\pi}\int_{-\infty}^{\infty}\mathrm{d}k_x, \tag{2-22}$$

因而,

$$\begin{aligned} Z(\beta, V, N) &= \frac{1}{N!}\left[\frac{L}{2\pi\hbar}\int_{-\infty}^{\infty}\mathrm{d}p\,\exp\left(-\frac{\beta p^2}{2m}\right)\right]^{3N} \\ &\approx \left(\frac{eV}{N\lambda_T^3}\right)^N, \quad \lambda_T^2 \equiv \frac{\beta h^2}{2\pi m} = \frac{2\pi\hbar^2}{mT}, \end{aligned} \tag{2-23}$$

此处 λ_T 有长度量纲, 称作热波长, 是热运动的量子特征长度。如果分子间距或粒子相互作用势能显著变化的特征距离比 λ_T 大许多, 则量子效应可不考虑 (相当于取 $h \approx 0$)。由配分函数 Z 可得, 内能

$$U = \langle E \rangle = -\left(\frac{\partial \log Z}{\partial \beta}\right)_{V,N} = \frac{3N}{2\beta}. \tag{2-24}$$

这个结果表明单粒子单自由度的平均动能为 $(2\beta)^{-1}$, 可由之度量温度。不过, 有必要提醒这只是平衡分布的结果。

由正则分布的配分函数 $Z(\beta, V, N)$ 可导出巨正则分布的配分函数 $\Xi(\beta, V, \mu)$ 如下:

$$\Xi(\beta, V, \mu) = \sum_N Z(\beta, V, N) e^{\beta\mu N} = \sum_{N=0}^{\infty} \frac{1}{N!} \left(\frac{V e^{\beta\mu}}{\lambda_T^3} \right)^N = \exp\left(\frac{V z}{\lambda_T^3} \right),$$

$$(2\text{-}25)$$

此处 $z \equiv e^{\beta\mu}$ 称为逸度。逸度或化学势与粒子数之间有如下关系:

$$\langle N \rangle = -\left(\frac{\partial \log \Xi}{\beta \partial \mu} \right)_{\beta, V} = \frac{V z}{\lambda_T^3}, \quad z = n\lambda_T^3, \quad \mu = T \log\left(n\lambda_T^3 \right), \quad (2\text{-}26)$$

此处 $n = \langle N \rangle / V$ 为粒子数密度。

2.6   热力学极限

最终证明统计力学与热力学的对应, 依赖于热力学极限的存在, 而这个极限的存在是后验的, 与体系哈氏量的本性密切相关 [Bogolyubov (1946), van Hove (1949), Yang-Lee (1952), Fisher-Ruelle (1966)]。以巨正则系综为例, 需要证明极限 $\lim_{V \to \infty} V^{-1} \log \Xi$ 存在。李–杨考虑了如下的一个体系, 其哈密顿量

$$\mathcal{H} = \sum_i \frac{p_i^2}{2m} + U, \quad U = \frac{1}{2} \sum_{i,j} u\left(|\boldsymbol{r}_i - \boldsymbol{r}_j| \right). \quad (2\text{-}27)$$

此处的 $u(r)$ 如图 2.1 所示, 具体定义如下:

$$u(r) \begin{cases} = \infty, & r < a, \\ > u_0, & a \leqslant r \leqslant b, \\ = 0, & r > b. \end{cases} \quad (2\text{-}28)$$

此处常数 $u_0 < 0$。这个可加二体势 $u(r)$ 具有刚芯, 因而分子间距不得小于 a, 体积 V 内可容纳的最大粒子数不大于

$$N_V = \frac{3V}{4\pi a^3}. \quad (2\text{-}29)$$

记 $y \equiv zq(\beta)\lambda_T^{-3}$，此处 $q(\beta)$ 为单粒子内部自由度配分函数。无内部结构的粒子，有 $q(\beta) = 1$。在本节的推导中温度 β 不变，各量对温度的依赖将不特别标出。

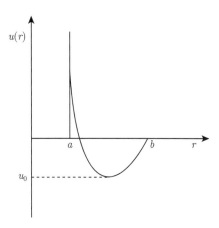

图 2.1 一般的两体作用势

引入位形积分

$$Q_V(N) = \int \mathrm{d}\boldsymbol{r}^N \exp\left[-\beta U_N\left(\boldsymbol{r}^N\right)\right], \qquad (2\text{-}30)$$

则巨正则配分函数由下式给出：

$$\Xi_V = \sum_{N=0}^{N_V} \frac{y^N}{N!} Q_V(N) = 1 + yV + \cdots + \frac{y^{N_V}}{N_V!} Q_V(N_V), \qquad (2\text{-}31)$$

为 y 的多项式，系数为正，因而在 y 的正实轴上无根。记

$$V^{-1}\log \Xi_V \equiv \beta p_v, \qquad (2\text{-}32)$$

下面将会看到，此处的 p_v 就是压强。可以证实，

$$\frac{\partial(\beta p_v)}{\partial \log y} = \frac{1}{V}\frac{\partial \log \Xi_V}{\partial \log y} = \frac{\langle N \rangle}{V} \equiv \rho_v, \qquad (2\text{-}33)$$

此处 $\log y$ 扮演化学势 μ 的角色，ρ_v 显然为密度。与能量涨落式 (2-9) 的

推导类似, 可以证明,

$$\frac{\partial \rho_v}{\partial \log y} = \frac{1}{V} \left(\langle N^2 \rangle - \langle N \rangle^2 \right) > 0. \tag{2-34}$$

当 y 取正实值时, $\Xi_V > 1$, $\beta p_v > 0$, $N_V/V > \rho_v > 0$。于是,

$$\left(\frac{\partial p_v}{\partial \rho_v} \right)_T = \left(\frac{\partial p_v}{\partial \log y} \right)_T \bigg/ \left(\frac{\partial \rho_v}{\partial \log y} \right)_T > 0. \tag{2-35}$$

此式表明, 有限体积下的 p_v 在 y 的物理区解析, 且为 ρ_v 的增函数。以下证明, 极限

$$\lim_{V \to \infty} \frac{1}{V} \log \Xi_V \equiv \beta p \tag{2-36}$$

存在, 且为 y 的连续增函数。

设体积为 V 的长方体, 将之分割为 V_1、V_2 和隔层 bS 如图 2.2 所示, 隔层厚度取势 u 的参数 b, 而隔层面积为 S。考虑体积 V_1、V_2 和 $V_1 + V_2$ 分别有粒子数 N_1, N_2 和 $N_1 + N_2 = N$, 则各自的巨配分函数为

$$\Xi_{V_1} = \sum_{N_1} \frac{y^{N_1}}{N_1!} Q_{V_1}(N_1), \quad \Xi_{V_2} = \sum_{N_2} \frac{y^{N_2}}{N_2!} Q_{V_2}(N_2),$$

$$\Xi_{V_1+V_2} = \sum_N \frac{y^N}{N!} Q_{V_1+V_2}(N). \tag{2-37}$$

此处位形积分

$$Q_{V_1+V_2}(N) = \int_{V_1+V_2} \mathrm{d}\boldsymbol{r}^N \mathrm{e}^{-\beta U_N} = \sum_{N_1, N_2 = N - N_1} \frac{N!}{N_1! N_2!} Q_{V_1}(N_1) Q_{V_2}(N_2)$$

$$< \int_V \mathrm{d}\boldsymbol{r}^N \mathrm{e}^{-\beta U_N} = Q_V(N), \tag{2-38}$$

所以

$$\Xi_{V_1} \cdot \Xi_{V_2} = \Xi_{V_1+V_2} < \Xi_V. \tag{2-39}$$

以上由移除隔层收缩积分区间而确定 Ξ_V 的下限。以下确定上限，为此需要估计势能的下限。现在考虑 N 个粒子在三个体积 (V_1, V_2, bS) 中的相应分割 (N_1, N_2, n)。每个粒子只能与至多 m 个其他粒子相互作用，且 $m < (b/a)^3$。记 $u(r)$ 的刚芯势部分为

$$u^0(r) = \begin{cases} \infty, & r \leqslant a, \\ 0, & r > a, \end{cases} \tag{2-40}$$

且记以 u^0 为二体势的作用势为 U^0，则

$$U_N > U_{N_1} + U_{N_2} + U_n^0 + nmu_0. \tag{2-41}$$

可以估计，

$$\int_{bS} \mathrm{d}\boldsymbol{r}^n \mathrm{e}^{-\beta U_n^0} \leqslant (bS)(bS - \tau) \cdots (bS - n\tau + \tau)$$

$$\leqslant \frac{\tau^n M!}{(M-n)!}, \quad \tau \equiv \frac{4}{3}\pi a^3, \quad M \equiv \left[\frac{bS}{\tau}\right], \tag{2-42}$$

此处 $[x]$ 记不超过 x 的整数，显然 $n < M$。于是，记 $\nu = \tau \mathrm{e}^{-\beta m u_0}$，可得

$$\Xi_V = \sum_N \frac{y^N}{N!} Q_V(N) < \sum_{n=0}^{M} \sum_{N_1, N_2} \frac{y^N}{N_1! N_2! n!} Q_{V_1}(N_1) Q_{V_2}(N_2) \frac{\nu^n M!}{(M-n)!}$$

$$= \Xi_{V_1} \Xi_{V_2} \cdot \sum_n \frac{(y\nu)^n M!}{n!(M-n)!} = \Xi_{V_1} \Xi_{V_2} (1 + y\nu)^M \equiv \Xi_{V_1} \Xi_{V_2} \mathrm{e}^{\kappa S}. \tag{2-43}$$

此处 κ 与箱体尺寸无关。考虑将体积 V 划分为多个 V_i 及间隔层的一般分割，不难证明仍然有

$$\prod_i \Xi_{V_i} < \Xi_V < \prod_i \Xi_{V_i} \mathrm{e}^{\kappa S}, \tag{2-44}$$

此处 S 为间隔层的总面积，可令所有共 ℓ 个小箱体的体积 V_i 相等，且 $V = \ell V_1 + bS$。以式 (2-32) 的 p_v 表示，则

$$\frac{\ell V_1}{V} p_{v_1} < p_v < \frac{\ell V_1}{V} p_{v_1} + \frac{\kappa}{\beta} \frac{S}{V}. \tag{2-45}$$

当 $V \to \infty$ 时，$S/V \propto V^{-1/3} \to 0$，$\ell V_1/V \to 1$，于是证明了极限的存在，即 $p_{v_1}, p_v \to p$。一般形状的体积，可用小箱体充填，以上推理可用，结论仍成立，与形状无关。前面关于 p_v 为 y 的增函数的证明，对 p 照样适用，因而，p 为 y 的连续增函数。

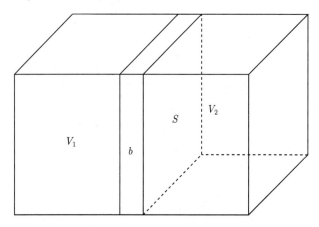

图 2.2 体积 V 分割为 V_1, V_2 及宽度为 b 的隔层

以上介绍了李–杨的证明。马上庚述及李–杨证明的可能推广，并指出这里的二体势并不合乎物理上的最重要的作用力，如电磁相互作用。

2.7 分子动力学对比蒙特卡罗方法

计算机模拟已经成为物理学在实验研究和理论研究之外的第三个支柱，有时也被称作“干实验”。本节不在于讨论计算机模拟的技巧，而在于其所涉及的一些概念。两种最为常用的计算机模拟手段是分子动力学和蒙特卡罗方法。

分子动力学，可以说是直接数值求解如式 (2-1) 的运动方程，或者说模拟分子轨道。但是，热力学体系总是处于环境中。单纯的分子轨道模拟，不反映体系与热库的相互作用。最为严重的是，它不体现温度。哈密顿动力学是能量守恒的。2.2 节指出,热力学体系的能量在内能附近涨落。分子动力学模拟时,体系的总能量应在内能附近才有意义。然而,体系的内能一般事先未知,不可控制,因而往往通过标度平均动能来调节。

热库是恒温器。模拟恒温器的算法有许多,中心思想是通过平均动能定义一个表观温度,并允许它在正则分布的温度附近涨落。比较流行的一种是由日本学者能势提出并经胡佛改良的能势–胡佛 (Nosé-Hoover, NH) 恒温器,它用单个自由度的共轭变量 (s, p_s) 模拟热库。体系的哈密顿量为

$$\mathcal{H}_0 = \sum_i \frac{\boldsymbol{P}_i^2}{2m} + U(\boldsymbol{R}), \tag{2-46}$$

此处 $\boldsymbol{R} = \{\boldsymbol{R}_i\}$ 记集体坐标,而 NH 恒温器的体系加单个自由度虚拟热库的哈密顿量为

$$\mathcal{H} = \sum_i \frac{\boldsymbol{p}_i^2}{2ms^2} + U(\boldsymbol{r}) + \frac{p_s^2}{2Q} + gT \log s, \tag{2-47}$$

此处 g 为体系自由度数,T 为温度参数。NH 的哈密顿量运动方程为

$$\dot{\boldsymbol{r}}_i = \frac{\boldsymbol{p}_i}{ms^2}, \quad \dot{\boldsymbol{p}}_i = -\frac{\partial U(\boldsymbol{r})}{\partial \boldsymbol{r}_i} \equiv \boldsymbol{F}_i(\boldsymbol{r}), \quad \dot{s} = \frac{p_s}{Q}, \quad \dot{p}_s = \sum_i \frac{\boldsymbol{p}_i^2}{ms^3} - \frac{gT}{s}. \tag{2-48}$$

记这里的时间为 "伪时间" τ,真时间 $t = \tau/s$ 通过以 s 标度 τ 得到。仍以点号表示关于 t 的导数,则

$$\dot{\boldsymbol{r}}_i = \frac{\boldsymbol{p}_i}{ms}, \quad \dot{\boldsymbol{p}}_i = s\boldsymbol{F}_i, \quad \dot{s} = \frac{sp_s}{Q}, \quad \dot{p}_s = \sum_i \frac{\boldsymbol{p}_i^2}{ms^2} - gT. \tag{2-49}$$

由此可导得

$$\ddot{\boldsymbol{r}}_i = \frac{\dot{\boldsymbol{p}}_i}{ms} - \frac{\boldsymbol{p}_i \dot{s}}{ms^2} = \frac{\boldsymbol{F}_i}{m} - \frac{\dot{\boldsymbol{r}}_i p_s}{Q} \equiv \frac{\boldsymbol{F}_i}{m} - \zeta \dot{\boldsymbol{r}}_i, \tag{2-50}$$

此处 $\zeta \equiv p_s/Q$。重写 $\boldsymbol{P}_i \equiv m\dot{\boldsymbol{r}}_i = \boldsymbol{p}_i/s$, $\boldsymbol{R}_i \equiv \boldsymbol{r}_i$, 则

$$\dot{\boldsymbol{R}}_i = \frac{\boldsymbol{P}_i}{m}, \quad \dot{\boldsymbol{P}}_i = \boldsymbol{F}_i(\boldsymbol{R}) - \zeta\boldsymbol{P}_i, \quad \dot{\zeta} = \frac{1}{Q}\left(\sum_i \frac{\boldsymbol{P}_i^2}{m} - gT\right). \quad (2\text{-}51)$$

可以证明, 如下的分布

$$f(\boldsymbol{R}, \boldsymbol{P}, \zeta) \propto \exp\left[-\beta\left(\frac{1}{2m}\sum_i \boldsymbol{P}_i^2 + U(\boldsymbol{R}) + \frac{Q\zeta^2}{2}\right)\right], \quad (2\text{-}52)$$

满足 $\partial f/\partial t = 0$。写下 f 满足的连续性方程 $\partial f/\partial t + \nabla\cdot(f\boldsymbol{v}) = 0$:

$$\frac{\partial f}{\partial t} + \dot{\boldsymbol{R}}\cdot\frac{\partial f}{\partial \boldsymbol{R}} + \dot{\boldsymbol{P}}\cdot\frac{\partial f}{\partial \boldsymbol{P}} + \dot{\zeta}\frac{\partial f}{\partial \zeta} + f\left[\frac{\partial\dot{\boldsymbol{R}}}{\partial \boldsymbol{R}} + \frac{\partial\dot{\boldsymbol{P}}}{\partial \boldsymbol{P}} + \frac{\partial\dot{\zeta}}{\partial \zeta}\right] = 0, \quad (2\text{-}53)$$

此处用了矢量的集体记号。写下上式中的非零项

$$\dot{\boldsymbol{R}}\cdot\frac{\partial f}{\partial \boldsymbol{R}} = \beta f\frac{\boldsymbol{F}\cdot\boldsymbol{P}}{m}, \quad \dot{\boldsymbol{P}}\cdot\frac{\partial f}{\partial \boldsymbol{P}} = \beta f\frac{(-\boldsymbol{F}+\zeta\boldsymbol{P})\cdot\boldsymbol{P}}{m},$$

$$\dot{\zeta}\frac{\partial f}{\partial \zeta} = \beta f\left(-\frac{\boldsymbol{P}^2}{m} + gT\right)\zeta, \quad f\frac{\partial\dot{\boldsymbol{P}}}{\partial \boldsymbol{P}} = -f\,g\zeta = -\beta f\,gT\zeta, \quad (2\text{-}54)$$

验证了 $\partial f/\partial t = 0$, 表明分布 f 的确是动力学不变的, 其边际分布给出正则分布。NH 恒温器的参数 Q 可调节热库与体系的耦合强度, 须小心选取。

> **问题**　分子动力学模拟的计算精度是否仅需控制在正则分布的能量涨落幅度内?

体系的每一个构象, 确定相空间中一点, 即相点, 能量在该点有确定值。能量曲面的形貌可以很复杂。相空间特定的两个区域之间有可能存在位垒, 使得分子轨道不能自由穿行其间。虽然热库的存在允许分子轨道的能量有一定幅度的涨落, 只要位垒足够高, 这时受阻的分子轨道仍将局限于单个区域内。也就是说, 虽然分子轨道的演化时间尺度很小,

但分子轨道之间的过渡时间尺度仍可很大。这称作各态历经性或遍历性破缺，它导致分布的支集即分布不为零的相空间区域发生改变。在前面的讨论中，没有太多关注分布的支集。其实，所有的统计力学计算，都必须首先指定分布的支集，而应该取什么样的支集，必须由所处理的物理问题包括体系性质来定。分子动力学可以提供这方面的有用知识。关于遍历性破缺和分布支集问题，在相变一章还将讨论。

1953 年夏，费米–帕斯塔–乌拉姆 (Fermi-Pasta-Ulam, FPU) 用当时刚有不久的计算机，模拟了一维非线性格子，期望看到能量在不同模之间均分，但看到的却是庞卡莱 (Poincaré) 复归现象，这被称作 FPU 佯谬。庞卡莱证明了复归定理，它说的是一个有限力学系统将无限多次返回无限接近初始状态的某点。费米实验设计看的是分子轨道，当然会看到庞卡莱复归。如果要看分布，则应考虑初态集合并允许轨道混合。

蒙特卡罗方法试图直接模拟一个分布，如正则分布。基本出发点是第 1 章介绍的梅特罗波利斯–黑斯廷斯算法，设计满足细致均衡条件的转移概率，由主方程生成以该正则分布为全局平衡分布的时间离散的马氏过程。显然，它只用到体系的哈密顿量表示，而不涉及哈密顿动力学。然而，主方程本身涉及某种假定的趋于平衡动力学，它在多大程度上可以处理统计力学中与趋于平衡有关的问题，值得思考。另外，遍历性破缺往往在主方程描述的层次上也可有所表现。

顺便指出，仅就计算平均值而言，原则上可以使用很一般的分布。位形空间的两个区域被势垒隔开，由其中一个区域出发采不到另一区域，导致采样不均衡。为在二者之间 "搭桥"，可在玻耳兹曼权重因子之上另加一权重因子 $w(\boldsymbol{r}^N)$，即 $\mathrm{e}^{-\beta U} \to w \cdot \mathrm{e}^{-\beta U}$，以抵消势垒的影响。新生成的马氏链的平衡分布变成

$$\pi(\boldsymbol{r}^N) = \frac{w(\boldsymbol{r}^N)\exp\left[-\beta U(\boldsymbol{r}^N)\right]}{\int \mathrm{d}\boldsymbol{r}'^N\, w(\boldsymbol{r}'^N)\exp\left[-\beta U(\boldsymbol{r}'^N)\right]}, \tag{2-55}$$

则原始分布下的平均可由下式计算：

$$\langle A \rangle = \frac{\langle A/w \rangle_\pi}{\langle 1/w \rangle_\pi}. \tag{2-56}$$

此处 $\langle \cdot \rangle_\pi$ 的下标 π 表示取在新分布 π 下的平均。这就是所谓的"伞荫采样"。应该说明，如果遍历性破缺是物理上真实的，则不应通过伞荫采样掩盖。

第3章 热力学的基本原理

热力学是物理学的一个分支，研究热和温度及其与能量和功的关系。它定义宏观变量如内能、熵和压强，描述这些变量之间的普适关系，不涉及特定物质的特定性质。这样的一般法则集中体现在它的四条定律中。

热力学研究的最初动力在于提升热机的效率。热力学最基本的对象是体系和环境，而最基本的概念为热力学状态和热力学过程。热力学体系是宏观物理对象。体系与给定条件的环境处于热力学平衡时，状态完全由表明宏观性质的物理化学变量即状态变量描述。体系的热力学平衡态，由有限个彼此独立的状态变量确定，它们张成热力学状态空间，其中一点对应于一个状态。状态变量分作强度量和广延量。前者在增减体系尺度或质量时不变，而后者与体系尺度成正比，有可加性。限定状态时至少要有一个广延量，否则定不下体系大小。熵并不符合广延量的直接表述的定义。热力学量有三类：第一类是外参数，属于外部环境，与体系内部状态无关；第二类是体系微观构象动力学函数的平均；第三类是热力学独有的典型量，以熵为代表，可以称为热学量。它们没有微观上的意义，只可在宏观水平上把握，完全属于分布函数。状态方程，也称物态方程，描述热力学体系中不完全独立的多个状态变量之间的关系。热力学过程是热力学状态的变化，未必对应于热力学状态空间中的路径。热力学过程须小心定义独立变量和因变量。如等压过程中压强选作独立变量，预设不变，可由其变化推导出因变量体积的变化。

往往将热力学变量成对分组，每对称作共轭变量对，一个类比于

"力"，另一个类比于 "位移"，乘积给出能量。常见的共轭对包括压强–体积、温度–熵和化学势–粒子数，是强度量和广延量的组合。热力学过程中通常共轭变量对之一的单个变量保持恒定。

　　热力学只是唯象理论。例如，状态方程满足某些热力学约束，但因为与体系的物质构成性有关，不可能由热力学导出。由分子知识推导热力学关系及计算热力学量是统计力学的任务。

<h2 style="text-align:center">3.1　热力学四条定律</h2>

　　热力学第零定律描述了温度的意义。第一定律定义了内能，将之分为功和热。第二定律引入熵，给出做功的限制。第三定律认为绝对零度不可及。

3.1.1　热力学第一定律

　　热力学主要研究功和热之间的能量转换。热力学第一定律说，闭合体系内能的变化等于体系的吸热和外部对体系所做功之和，写作

$$\Delta U = Q + W. \tag{3-1}$$

它提出状态函数内能的存在，并描述其变化。内能可以通过热和功改变，但只有内能是态变量，热和功依赖于过程而非态变量。最常见的功，为机械功 $W_{\mathrm{mech}} = -p\mathrm{d}V$，此处 p 为压强，外部对体系做功时体积减小，W_{mech} 为正。功的一般形式为 $W = \sum_i f_i \mathrm{d}X_i$，此处 f_i 为广义力，X_i 为广义位移。在本节中，功仅以机械功代表。

　　统计力学中，内能 U 为平均能量

$$U = \int \mathrm{d}\boldsymbol{r}^N \mathrm{d}\boldsymbol{p}^N \, E(\boldsymbol{r}^N, \boldsymbol{p}^N) P(\boldsymbol{r}^N, \boldsymbol{p}^N), \tag{3-2}$$

此处概率密度对于正则分布为 $P = \mathrm{e}^{-\beta E}/Z$，此时温度 β 和粒子数 N 为外参数，体积 V 为独立变量。因而，内能变化为

$$\mathrm{d}U = \int \mathrm{d}\boldsymbol{r}^N \mathrm{d}\boldsymbol{p}^N \left[P(\boldsymbol{r}^N, \boldsymbol{p}^N) \mathrm{d}E(\boldsymbol{r}^N, \boldsymbol{p}^N) + E(\boldsymbol{r}^N, \boldsymbol{p}^N) \mathrm{d}P(\boldsymbol{r}^N, \boldsymbol{p}^N) \right],$$

器壁对体系的限制导致体系哈密顿量随体积的变化有 $\mathrm{d}E/\mathrm{d}V = -p$，此处 p 与微观构象或组态无关，所以 $\mathrm{d}E = -p\mathrm{d}V$，方括号中第一项给出做功项。由概率密度有

$$\beta E(\boldsymbol{r}^N, \boldsymbol{p}^N) = -\log Z(\beta, N, V) - \log P(\boldsymbol{r}^N, \boldsymbol{p}^N), \tag{3-3}$$

因而方括号中第二项对应于

$$-\beta^{-1} \int \mathrm{d}\boldsymbol{r}^N \mathrm{d}\boldsymbol{p}^N \log P(\boldsymbol{r}^N, \boldsymbol{p}^N) \mathrm{d}P(\boldsymbol{r}^N, \boldsymbol{p}^N)$$

$$= -\beta^{-1} \int \mathrm{d}\boldsymbol{r}^N \mathrm{d}\boldsymbol{p}^N \mathrm{d}[P(\boldsymbol{r}^N, \boldsymbol{p}^N) \log P(\boldsymbol{r}^N, \boldsymbol{p}^N)] = T\mathrm{d}S, \tag{3-4}$$

即吸热项。（此处已考虑到 $\log Z$ 为常量，且概率 P 归一，因而相应项无贡献。）至此推导得热力学第一定律

$$\mathrm{d}U = -p\mathrm{d}V + T\mathrm{d}S. \tag{3-5}$$

此式可直接推广到一般形式的功 $\sum_i f_i \mathrm{d}X_i$。如果允许粒子数变化，引入 $\mu = (\partial U/\partial N)_{\beta, V}$，则

$$\mathrm{d}U = -p\mathrm{d}V + T\mathrm{d}S + \mu\mathrm{d}N, \tag{3-6}$$

此处 μ 称为化学势，度量体系添加一个粒子所增加的内能。

3.1.2 热力学第二定律

热力学第二定律是可用于任何与热有关系统的基本假定，它有多种不同的表述，解释自然中的不可逆现象。克劳修斯 (Clausius) 的一种表

述是，热不可能自发地从冷处传至热处。另一种说法是，孤立系统的熵永不减少。普朗克 (Planck) 表述不涉及热、温度或熵，说恒容绝热过程中内能不减。这一定律本身及所引入的熵的概念对于物理学及其他学科有深远意义。上章的统计力学基本原理 2，等价于热力学第二定律。以统计力学的语言可将热力学第二定律表述成最小原理：处于热库中的体系，以平衡态的自由能为最小，或者说，自发过程中自由能总是减小。

为使记号简单，本节用求和取代积分。将体系的正则分布记作 $\{P_i\} = Z^{-1}\exp(-\beta E_i)$，假定 $\{Q_i\}$ 为体系的另外一个任意分布。根据相对熵的非负性，有

$$
\begin{aligned}
\sum_i Q_i \log(Q_i/P_i) &= \log Z + \beta \sum_i E_i Q_i + \sum_i Q_i \log Q_i \\
&= \log Z + \beta \langle E \rangle_Q - S(Q) \geqslant 0,
\end{aligned} \tag{3-7}
$$

此处 $\langle X \rangle_Q$ 记随机变量 X 在分布 Q 下的平均。由 P 和 Q 等同时等号成立，有

$$
\log Z = -\beta \langle E \rangle_P + S(P) = -\beta U + S,
$$

于是，

$$
F(\beta, N, V) \equiv F_P \equiv -\beta^{-1}\log Z(\beta, N, V) = U - TS, \tag{3-8}
$$

就是热力学中的亥姆霍兹 (Helmholtz) 自由能。依此，一般分布 Q 的亥姆霍兹自由能可定义为

$$
F_Q \equiv \langle E \rangle_Q + T \sum_i Q_i \log Q_i = U_Q - TS_Q. \tag{3-9}
$$

根据式 (3-7)，可写

$$
F_Q \geqslant F(\beta, N, V), \tag{3-10}
$$

即平衡态的自由能为最小。顺便指出，这里的不等式关系与正则分布有最大熵的最大熵原理是一致的。值得注意，自由能 F_Q 定义中出现的温度 T 是平衡态分布 P 的，或者说是热库的。也就是说，任意状态的自由能，只对处于热库中的体系有定义。再运用式 (3-6)，可得

$$\mathrm{d}F = -S\mathrm{d}T - p\mathrm{d}V + \mu\mathrm{d}N. \tag{3-11}$$

上式是平衡态过程即可逆过程的自由能变化，可特别记作 $(\mathrm{d}F)_{\mathrm{rev}}$。考虑非平衡态到平衡态恒温恒容过程，此时 $(\mathrm{d}F)_{\mathrm{irrev}} < (\mathrm{d}F)_{\mathrm{rev}} = 0$，可一般地写 $\mathrm{d}F \leqslant -S\mathrm{d}T - p\mathrm{d}V + \mu\mathrm{d}N$。相应地，$\mathrm{d}U \leqslant T\mathrm{d}S - p\mathrm{d}V + \mu\mathrm{d}N,\ \mathrm{d}S \geqslant (\mathrm{d}U + p\mathrm{d}V - \mu\mathrm{d}N)/T$。

> **问题** 如果处于高温 T_+ 平衡态的体系与低温 T 的热库接触达到平衡，这时体系的初态相对于热库却是处于非平衡态。比较可逆过程和不可逆过程的自由能变化。两种过程中的初态自由能是同一的吗？以理想气体为例具体计算。

3.1.3 熵的卡拉西奥多里理论

可以说，热力学始于卡诺 (Carnot) 的热机效率研究。卡诺提出工作在高、低温热库之间的理想可逆热机即卡诺热机。关于卡诺热机，后面还将讨论。由第二定律可证，卡诺热机的效率仅取决于热库温度而与工质无关，进而证明存在态函数熵 S，由之可表示体系吸热 $\delta Q = T\mathrm{d}S$。卡拉西奥多里 (Carathéodory) 证明，态函数熵的存在等价于任何状态附近存在绝热不可及态的基本假设，不借助卡诺热机而得到绝对温度和熵。

考虑变量 $x_1, x_2, \cdots, x_n$ 的微分式 $\sum_i X_i(x_1, x_2, \cdots, x_n)\mathrm{d}x_i$。如果 $\sum_i X_i\mathrm{d}x_i = 0$ 有解，即存在 λ, ϕ 使得 $\sum_i X_i\mathrm{d}x_i = \lambda\mathrm{d}\phi$，则称之为可积的，称 λ 为积分因子，此时 $X_i = \lambda\partial\phi/\partial x_i$。

问题　证明如果 $X_1\mathrm{d}x_1 + X_2\mathrm{d}x_2 + X_3\mathrm{d}x_3$ 存在积分因子, 则

$$X_1\left(\frac{\partial X_3}{\partial x_2} - \frac{\partial X_2}{\partial x_3}\right) + X_2\left(\frac{\partial X_1}{\partial x_3} - \frac{\partial X_3}{\partial x_1}\right) + X_3\left(\frac{\partial X_2}{\partial x_1} - \frac{\partial X_1}{\partial x_2}\right) = 0,$$

进而证明 $-y\mathrm{d}x + x\mathrm{d}y + \mathrm{d}z$ 不存在积分因子。

　　二变量情形总存在积分因子, 无代表性。绝热不可及, 在几何上是等熵面不交。说明等熵面不交须考虑至少 3 独立变量, 且对 3 独立变量的推理可直接推广至多独立变量的情形, 此处仅考虑 3 独立变量。设第一定律为 $\mathrm{d}Q = \mathrm{d}U + Y\mathrm{d}X + Y'\mathrm{d}X'$, 5 变量因存在 2 物态方程, 仅 3 个独立, 选为 X, X', U, 分别对应 x, y, z 三轴。设有平衡态 i, 由之可经可逆绝热路径到达平衡态 f_1, 过 f_1 的垂直线有相同的 X, X', 任取其上在 f_1 上方的另一点 f_2, 则不存在连接 i 和 f_2 的可逆绝热路径。从 f_1 到 f_2, 无功, 须吸热 Q。如果存在循环 if_1f_2i, 则导致 $Q \to W$, 矛盾。任一垂直线上至多一点为 i 可及。所有 i 可及点形成二维面。以经验温度 t 替代 U 比较方便, 上述可及面映成的曲面可记作 $\sigma(t, X, X') = C$。不同的可及面不相交, 否则通过交点可构造循环将热完全变为功。对于在特定的 σ-面上的任何状态点, U, Y, Y' 可表作 σ, X, X' 的函数, 例如,

$$\mathrm{d}U = \frac{\partial U}{\partial \sigma}\mathrm{d}\sigma + \frac{\partial U}{\partial X}\mathrm{d}X + \frac{\partial U}{\partial X'}\mathrm{d}X'.$$

于是,

$$\mathrm{d}Q = \frac{\partial U}{\partial \sigma}\mathrm{d}\sigma + \left(Y + \frac{\partial U}{\partial X}\right)\mathrm{d}X + \left(Y' + \frac{\partial U}{\partial X'}\right)\mathrm{d}X'.$$

因为 σ, X, X' 独立, 且 $\mathrm{d}\sigma = 0$ 对应 $\mathrm{d}Q = 0$, 如果取 $\mathrm{d}\sigma = \mathrm{d}X' = 0$, 则 $\mathrm{d}X$ 的系数为零, 同理, $\mathrm{d}X'$ 的系数为零, 得 $\mathrm{d}Q = (\partial U/\partial\sigma)_{X,X'}\mathrm{d}\sigma \equiv \lambda\mathrm{d}\sigma$, 表明 $1/\lambda$ 为积分因子。一般的线性微分式不存在积分因子, 第二定律才保证 $\mathrm{d}Q$ 存在积分因子。

函数 λ 为 σ, X, X' 的函数, 同样可看作是 σ, t, X 的函数, t 为温度。考虑体系由透热壁连接而与热库处于热平衡, 共同温度为 t。设体系和热库的独立变量分别为 t, X_1, X_1' 和 t, X_0, X_0', 分别有 $\mathrm{d}Q_1 = \lambda_1 \mathrm{d}\sigma_1$, $\mathrm{d}Q_0 = \lambda_0 \mathrm{d}\sigma_0$。二者的复合系统的独立变量可取 $t, \sigma_1, \sigma_0, X_1, X_0$, 且有 $\mathrm{d}Q = \lambda \mathrm{d}\sigma$,

$$\mathrm{d}\sigma = \frac{\partial\sigma}{\partial t}\mathrm{d}t + \frac{\partial\sigma}{\partial\sigma_1}\mathrm{d}\sigma_1 + \frac{\partial\sigma}{\partial\sigma_0}\mathrm{d}\sigma_0 + \frac{\partial\sigma}{\partial X_1}\mathrm{d}X_1 + \frac{\partial\sigma}{\partial X_0}\mathrm{d}X_0. \tag{3-12}$$

由 $\mathrm{d}Q = \mathrm{d}Q_1 + \mathrm{d}Q_0$, 应另有 $\lambda \mathrm{d}\sigma = \lambda_1 \mathrm{d}\sigma_1 + \lambda_0 \mathrm{d}\sigma_0$。对照 (3-12) 可得 $\partial\sigma/\partial t = \partial\sigma/\partial X_1 = \partial\sigma/\partial X_1 = 0$, 进而, $\sigma = \sigma(\sigma_1, \sigma_0)$。对照还可得 $\lambda_1/\lambda = \partial\sigma/\partial\sigma_1$, $\lambda_0/\lambda = \partial\sigma/\partial\sigma_0$, 比值应与 t, X_1, X_0 无关, 所以各 λ 应有如下形式: $\lambda_1 = \phi(t)f_1(\sigma_1)$, $\lambda_0 = \phi(t)f_0(\sigma_0)$, $\lambda = \phi(t)g(\sigma_1, \sigma_0)$。现在回到体系, 记 $f(\sigma_1) = f_1(\sigma_1)$, 则 $\mathrm{d}Q_1 = \phi(t)f(\sigma_1)\mathrm{d}\sigma_1$, 因为 $f(\sigma_1)\mathrm{d}\sigma_1$ 为全微分, 所以 $1/\phi(t)$ 为 $\mathrm{d}Q_1$ 的积分因子。然而, $\phi(t)$ 只是 t 的函数且为对所有体系相同的普适函数, 因而可定义作绝对温度 T。卡诺循环涉及两个绝热面 σ_1, σ_2 和两个等温面 t_1, t_2。从两个热库的吸热分别为 $Q_1 = \phi(t_1)\int_{\sigma_1}^{\sigma_2} f(\sigma)\mathrm{d}\sigma$, $Q_2 = \phi(t_2)\int_{\sigma_1}^{\sigma_2} f(\sigma)\mathrm{d}\sigma$, 所以 $Q_1/Q_2 = \phi(t_1)/\phi(t_2) \equiv T_1/T_2$, 此处定义 $T = \phi(t)$, 即开尔文 (Kelvin) 温标。$\mathrm{d}Q/T = f(\sigma)\mathrm{d}\sigma \equiv \mathrm{d}S$, 为全微分, 由此引入了熵 S。

问题 假想的卡诺循环往往可替代熵的分析。借助 p-V 图中在气液相变区的 T 和 $T + \mathrm{d}T$ 的两条等温线, 设计卡诺循环, 证明克劳修斯–克拉珀龙 (Clapeyron) 方程 $\mathrm{d}p/\mathrm{d}T = L/T(V_v - V_l)$, 此处 L 为克分子汽化热, V_v, V_l 分别为气态和液态的克分子体积。

3.1.4 热力学第零定律

热力学第零定律说, 如果两个体系与第三个体系各处于热平衡, 则它们也彼此处于热平衡。这表明热平衡是一种等价关系。热力学中，两体系热平衡则温度相等，不必将它们热接触即可检测它们是否处于热平衡。温度测量暗含第零定律。基于此，可利用物体与温度有关的性质，如力学性质、体积，建立起经验温标。

如果将第三体系看作是热库，其温度为 β，则热力学第零定律是平衡统计力学原理 1 的自然结果。根据该原理，第一、二两个体系均有温度参数为 β 的正则分布，因而以其中任一个为热库，另一个处于与热库平衡的状态。

如果体系 1 有温度参数为 T_1 的正则分布，而体系 2 的温度为 T_2，它们热接触后会发生什么？不妨设 $T_1 < T_2$。作为统计力学中的一种标准假定，通常可以认为这两个体系足够大，它们通过界面的相互作用比起它们自身的哈密顿量来可略，考虑它们的联合系统的分布时，独立性假设成立。用下标 12 记复合体系，则 $E_{12} = E_1 + E_2$, $P_{12} = P_1 P_2$。因为体系足够大，复合体系可仅取最可几项。用上标 i, f 分别表示初、终态，接触过程中体积不变，总内能守恒：$U_1^i + U_2^i = U_1^f + U_2^f$，初始时复合体系为非平衡态，记终止时温度为 T，依据 (3-10)，$U_1^i + U_2^i - T(S_1^i + S_2^i) > U_1^f + U_2^f - T(S_1^f + S_2^f)$，所以 $S_1^i + S_2^i < S_1^f + S_2^f$。体系 1 的初态为温度 $T_1 = 1/\beta_1$ 的平衡态，有 $\beta_1 U_1^i - S_1^i < \beta_1 U_1^f - S_1^f$。类似地，$\beta_2 U_2^i - S_2^i < \beta_2 U_2^f - S_2^f$。于是，$\beta_1(U_1^i - U_1^f) < \beta_2(U_2^i - U_2^f)$，此处已用到总熵增加，得 $(U_2^i - U_2^f)$ 为正，即热由 2 流向 1。由第 2 章讨论正则分布能量涨落知，体系的等容热容恒正。体系 1 和 2 的等容热容分别记作 C_1 和 C_2，并设它们的体积不变。如果除了在体系 1 和 2 之间可以有热交换外，不受任何其他外来影响，则存在一温度 T，满足 $T_1 < T < T_2$，且 $\int_{T_1}^{T} dT\, C_1 + \int_{T_2}^{T} dT\, C_2 = 0$。

于是，如果体系 1 和 2 处于温度为 T 的热库中，则复合系统无净吸热。

3.1.5 热力学第三定律

热力学第三定律是热力学的四条基本定律之一。这一定律由能斯特 (Nernst) 在 1912 年提出，最初的表述为：不可能通过任何一种过程以有限步到达绝对零度。应当指出，这个表述不涉及量子力学，能斯特并没有用熵思考问题，而以能量和自由能的导数表述命题。随着统计力学的发展，这一定律正如其他热力学定律一样，得到了部分解释，而不再是只能由实验验证的经验定律。

在绝对零度，体系处于基态，熵成为仅由简并度决定的常数。热力学系统的熵在温度趋近于绝对零度时趋于定值。对于非简并基态，在绝对零度，不仅熵变，而且熵自身均达到零。可以证实，如果绝对零度能达到，则体系的相变潜热也趋于零。第三定律主张绝对零度下所有体系都处于完全有序的状态，但现实中似乎还存在像玻璃和溶液那样的无序状态。在 1930 年西蒙 (Simon) 重新表述第三定律如下：对于彼此间至少原则上存在可逆转换的体系的所有状态，在绝对零度下它们之间的熵差消失。多姆在一篇综述中指出，还没有第三定律的理论证明出现，还应当视之为经验性的。

对于热力学第三定律的理解，显然涉及物质的量子本质，超出当前讨论的范围。但是，需要强调，统计力学中的熵，以绝对量值而非相对量值的形式出现在其定义中，即它没有零点选择问题。

3.2 热力学势

热力学势来源于与力学中机械势能的类比。在一定情形下，从宏观系统可以获取的功与适当定义的热力学势的变化有关。内能的减少等于外界从系统通过绝热过程中可获得的最大的功，这一最大值在过程为可逆时达到。在可逆等温过程中亥姆霍兹自由能起到了势能的作用。亥姆霍兹自由能是在等温过程中可以从系统获得的最大的功。另一个很有用的热力学势是吉布斯自由能即自由焓。对于恒温恒压的自发过程，吉布斯自由能不增加。各种热力学势只是独立变量的选取有所不同，彼此通过勒让德 (Legendre) 变换联系。这里简要介绍一下勒让德变换。

3.2.1　勒让德变换

一个函数或一条曲线 $y = f(x)$ 可用点对 (x, y) 表示，也可用曲线的切线族 $(p, F(p))$ 表示，切线族以该曲线为包络线，此处 p 为切线斜率，$F(p)$ 为切线的负截距，如图 3.1 所示。凹函数 $f(x)$ 的勒让德变换 $F(p)$ 定义为

$$F(p) = \sup_x \{xp - f(x)\}, \tag{3-13}$$

是点与线之间对偶性关系。极值点 x 满足 $f'(x) = p$，这时

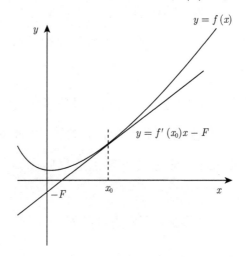

图 3.1　从凹函数 $f(x)$ 到函数 $F(p)$ 的勒让德变换

$$F(p) = xp - f(x), \tag{3-14}$$

此处 x 为 p 的函数, 有 $x = (f')^{-1}(p)$. 勒让德变换时常用于热力学与哈密顿力学. 例如, 亥姆霍兹自由能 $F(T,V,N)$ 和内能 $U(S,V,N)$ 之间有关系 $F = U - TS$, 和吉布斯自由能 $G(T,p,N)$ 之间有关系 $G = F + pV$.

3.2.2 麦克斯韦关系和一个常用技巧

热力学势 $\varPhi$ 的二阶导数之间满足所谓的麦克斯韦关系即

$$\frac{\partial}{\partial x_i}\left(\frac{\partial \varPhi}{\partial x_j}\right) = \frac{\partial}{\partial x_j}\left(\frac{\partial \varPhi}{\partial x_i}\right), \tag{3-15}$$

此处取偏导时未列的所有其他独立变量保持恒定. 如果热力学势 $\varPhi$ 有 n 个独立变量, 则可能的麦克斯韦关系有 $n(n-1)/2$ 个.

另外, 在推导热力学函数关系时常用到如下二例所展示的技巧. 先引入记号

$$\det\left(\frac{\partial x_i}{\partial y_j}\right) \equiv \frac{\partial(x_1, \cdots, x_n)}{\partial(y_1, \cdots, y_n)}, \tag{3-16}$$

则

$$\left(\frac{\partial x}{\partial u}\right)_y = \frac{\partial(x,y)}{\partial(u,y)} = \frac{\partial(x,y)}{\partial(x,u)}\frac{\partial(x,u)}{\partial(u,y)} = -\left(\frac{\partial x}{\partial y}\right)_u\left(\frac{\partial y}{\partial u}\right)_x. \tag{3-17}$$

$$\left(\frac{\partial x}{\partial u}\right)_y = \frac{\partial(x,y)}{\partial(u,y)} = \frac{\partial(x,y)}{\partial(u,v)}\frac{\partial(u,v)}{\partial(u,y)} = \left(\frac{\partial x}{\partial u}\right)_v - \left(\frac{\partial x}{\partial y}\right)_u\left(\frac{\partial y}{\partial u}\right)_v. \tag{3-18}$$

3.2.3 热力学势函数的统计力学对应

在统计力学中, 不同的热力学势函数对应于不同的统计系综或不同的可验信息. 假定在平均能量的可验信息之外还有另一个可验信息是某

个广义位移 X 的平均值 $\langle X\rangle$，则最大熵分布为

$$P_{n,X} = \mathcal{Z}^{-1}\exp(-\beta E_n + \beta\xi X), \quad \mathcal{Z}(\beta,\xi,Y) = \sum_{n,X}\exp(-\beta E_n + \beta\xi X),$$

(3-19)

此处 Y 记体系中不发生涨落的所有其他广延变量，ξ 为热力学广义力，与 X 共轭。

根据熵定义 $S = -\sum_{n,X} P_{n,X}\log P_{n,X}$ 及 $\log P_{n,X} = -\log\mathcal{Z} - \beta E_n + \beta\xi X$，可得

$$-T\log\mathcal{Z} = U - TS - \xi\langle X\rangle.$$

(3-20)

对照热力学势表达式，不难看出，亥姆霍兹自由能 $F(T,V,N)$ 对应于不存在除平均能量之外的任何可验信息的情形，即 $F(T,V,N) = -T\log\mathcal{Z} = -T\log Z(T,V,N)$ 对应于正则分布，而吉布斯自由能 $G(T,p,N)$ 对应于取 $X = V$，$G(T,p,N) = -T\log\mathcal{Z} = -T\log Y(T,p,N)$。类似地，巨势函数 $\Omega(T,V,\mu)$ 对应于取 $\xi = \mu$，$X = N$，$\mathcal{Z}\to\Xi(T,V,\mu)$，

$$\Omega(T,V,\mu) = -T\log\Xi(T,V,\mu) = U - TS - \mu\langle N\rangle.$$

(3-21)

考虑熵的微分，有

$$dS = -\sum_{n,X}(\log P_{n,X})dP_{n,X} = \beta d\langle E\rangle - \beta\xi d\langle X\rangle,$$

或者以热力学第一定律的形式写作

$$dU = TdS + \xi d\langle X\rangle.$$

(3-22)

上式很容易推广到 X 为多分量的情形，例如，对于 $E_n \to E_n + pV - \mu N$，

$$dU = TdS - pd\langle V\rangle + \mu d\langle N\rangle.$$

(3-23)

由式 (3-19) 可证，

$$\langle X \rangle = \sum_{n,X} X P_{n,X} = -\left(\frac{\partial \log \mathcal{Z}}{\beta \partial \xi}\right)_{\beta,Y},$$

$$U = \langle E_n \rangle = -\left(\frac{\partial \log \mathcal{Z}}{\partial \beta}\right)_{\xi,Y} + \xi \langle X \rangle. \tag{3-24}$$

进一步还可得到涨落表达式：

$$\langle (\delta X)^2 \rangle \equiv \langle X^2 \rangle - \langle X \rangle^2 = \left(\frac{\partial \langle X \rangle}{\beta \partial \xi}\right)_{\beta,Y}. \tag{3-25}$$

如果取 $(\xi, X) = (\mu, N)$，则粒子数涨落为

$$\langle (\delta N)^2 \rangle = T\left(\frac{\partial \langle N \rangle}{\partial \mu}\right)_{T,V}. \tag{3-26}$$

以下进一步用等温压缩系数表示粒子数涨落。因为这里温度不变，不再将之特别标出，并以 N 记 $\langle N \rangle$。类似于式 (3-18) 的推导，可写

$$\left(\frac{\partial N}{\partial \mu}\right)_V = \frac{\partial(N,V)}{\partial(\mu,V)} = -\frac{\partial(N,V)}{\partial(N,p)}\frac{\partial(N,p)}{\partial(V,p)}\frac{\partial(V,p)}{\partial(V,\mu)}$$

$$= -\left(\frac{\partial V}{\partial p}\right)_N \left(\frac{\partial N}{\partial V}\right)_p \left(\frac{\partial p}{\partial \mu}\right)_V = \frac{N^2}{V}K_T, \tag{3-27}$$

此处用到等温压缩系数的定义 $K_T = -V^{-1}(\partial V/\partial p)_{N,T}$，以及麦克斯韦关系 $(\partial p/\partial \mu)_V = (\partial N/\partial V)_\mu$，作为 N 和 V 均为广延量的结果，$(\partial N/\partial V)_p = (\partial N/\partial V)_\mu = N/V$。

3.2.4 吉布斯–杜恒方程

由式 (3-22) 或式 (3-23) 知，内能 U 是以广延量熵 S，体积 V 以及其他广义位移等为独立变量的函数。如果这些变量改变 λ 倍，则内能 U 必然以相同的倍数变化：

$$U(\lambda S, \lambda \langle V \rangle, \lambda \langle N \rangle) = \lambda U(S, \langle V \rangle, \langle N \rangle). \tag{3-28}$$

此式表明内能 U 为一阶齐次函数。一般地，如果函数 $f(\boldsymbol{x})$ 对于非零的 λ 有

$$f(\lambda\boldsymbol{x}) = \lambda^k f(\boldsymbol{x}), \tag{3-29}$$

则称函数 $f(\boldsymbol{x})$ 为 k-阶齐次函数。齐次函数的基本定理即欧拉 (Euler) 定理说，假设函数 $f(\boldsymbol{x})$ 是可微的 k-阶齐次函数，则

$$\boldsymbol{x} \cdot \nabla f(\boldsymbol{x}) = k f(\boldsymbol{x}). \tag{3-30}$$

它可由式 (3-29) 的两端对 λ 求导然后令 $\lambda = 1$ 予以证明。齐次函数在相变的重正化群理论中十分重要。

运用欧拉定理，由式 (3-23) 可得

$$U = TS - p\langle V\rangle + \mu\langle N\rangle. \tag{3-31}$$

由此式计算 U 的全微分，再对照式 (3-23)，可得

$$S\mathrm{d}T - \langle V\rangle\mathrm{d}p + \langle N\rangle\mathrm{d}\mu = 0. \tag{3-32}$$

这就是吉布斯–杜恒 (Duheim) 方程。

最后，几个常用热力学势及其相关关系式整理如表 3.1。

表 3.1　热力学势及其关系式

热力学势	齐次式	系综	配分函数	独立变量	微分关系	勒让德变换
内能	$U = TS$ $- pV + \mu N$			S, V, N	$\mathrm{d}U = T\mathrm{d}S$ $- p\mathrm{d}V + \mu\mathrm{d}N$	
自由能	$F = -pV$ $+ \mu N$	正则系综	$Z = \mathrm{e}^{-\beta F}$	T, V, N	$\mathrm{d}F = -S\mathrm{d}T$ $- p\mathrm{d}V + \mu\mathrm{d}N$	$F = U - TS$
自由焓	$G = \mu N$	吉布斯系综	$Y = \mathrm{e}^{-\beta G}$	T, p, N	$\mathrm{d}G = -S\mathrm{d}T$ $+ V\mathrm{d}p + \mu\mathrm{d}N$	$G = F + pV$
焓	$H = TS$ $+ \mu N$			S, p, N	$\mathrm{d}H = T\mathrm{d}S$ $+ V\mathrm{d}p + \mu\mathrm{d}N$	$H = U + pV$
巨势	$\Omega = -pV$	巨正则系综	$\Xi = \mathrm{e}^{-\beta\Omega}$	T, V, μ	$\mathrm{d}\Omega = -S\mathrm{d}T$ $- p\mathrm{d}V - N\mathrm{d}\mu$	$\Omega = F - \mu N$
吉布斯–杜恒方程						$S\mathrm{d}T - V\mathrm{d}p + N\mathrm{d}\mu = 0$

3.3 两个典型的热力学过程

本节讨论两个典型的热力学过程: 绝热自由膨胀和卡诺完美热机。

3.3.1 绝热自由膨胀

考虑初始体积为 V_i 的气体绝热自由膨胀到终态体积 V_f。初态和终态不在热力学状态空间的同一条等熵线上。虽然过程经历非平衡态, 但过程中的吸热和做功均为零, 于是过程前后内能不变, 即 $U_i = U_f$。现在试图用一个等温过程和一个绝热过程组成的可逆过程连接初态和终态, 如图 3.2 所示。为此, 需要知道在热力学状态空间的一点处等温线和绝热线的关系。运用式 (3-18) 可得

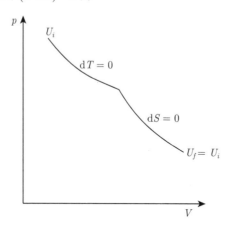

图 3.2 用等温和等熵过程连接绝热自由膨胀的初、终态

$$\left(\frac{\partial p}{\partial V}\right)_S - \left(\frac{\partial p}{\partial V}\right)_T = -\left(\frac{\partial p}{\partial S}\right)_V \left(\frac{\partial S}{\partial V}\right)_T = -\left(\frac{\partial p}{\partial T}\right)_V \left(\frac{\partial T}{\partial S}\right)_V \left(\frac{\partial S}{\partial V}\right)_T$$
$$= -\left(\frac{\partial T}{\partial S}\right)_V \left(\frac{\partial S}{\partial V}\right)_T^2 < 0,$$

此处用到 $T(\partial S/\partial T)_V = C_V > 0$。因而, 在 $V\text{-}p$ 图中等温线比绝热线有

较大的斜率。在这个可逆过程中体系对外界的做功不为零，大小为 $V\text{-}p$ 图中曲线下的面积，也等于体系在等温过程中从热库的吸热。

　　问题　计算体系为理想气体时的功。

3.3.2　卡诺完美热机

　　热机至少涉及四个组成系统：高温热库、低温热库、工作体系和可做功对象。卡诺完美热机是可逆机，由连接四个状态 A, B, C 和 D 的四个过程 AB, BC, CD, DA 组成循环，如图 3.3 所示。高温热库和低温热库的温度分别为 T_2 和 T_1。状态 A 的熵为 S_2，C 的熵为 S_1。过程 AB 和 CD 为等温过程，而过程 BC 和 DA 为绝热过程。由 3.3.1 节的讨论知，在 $V\text{-}p$ 图中，AB 应在 AD 的上方，CD 应在 CB 的下方。体系从高温热库和低温热库的吸热分别为 $Q_2 = T_2(S_1 - S_2)$ 和 $Q_1 = T_1(S_2 - S_1)$。体系经循环回起始态 A，内能复原，$\Delta U = W + Q = 0$。体系对外界做功的总和为吸热，即 $-W = Q_2 + Q_1 = T_2(S_1 - S_2) + T_1(S_2 - S_1) = (T_2 - T_1)(S_1 - S_2)$。

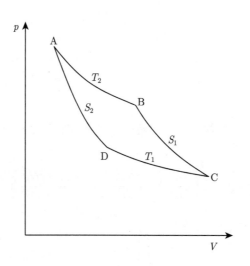

图 3.3　卡诺完美热机的循环

因而，热机效率为 $\eta = -W/Q_2 = (T_2 - T_1)/T_2 = 1 - T_1/T_2$，与热机的工作介质无关，是热库的属性。所有工作于两恒温热源之间的卡诺机有相同的效率, 这一结果可用来定义绝对温标。

问题 证明卡诺热机的效率必高于不可逆机。考虑以理想气体为工作介质的卡诺循环，证明理想气体经验温标与卡诺机绝对温标等同。

3.4 热力学稳定性

热力学平衡态有最小的亥姆霍兹自由能 $F(T, V, N)$，任何偏离平衡态的状态将有自由能偏移 $(\Delta F)_{T,V,N} > 0$。自由能偏移在平衡态附近的展开为

$$(\Delta F)_{T,V,N} = (\delta^2 F)_{T,V,N} + (\delta^3 F)_{T,V,N} + \cdots.$$

对于足够小的偏移，二次项为主导项，为保证体系能自发恢复到平衡态，应有

$$(\delta^2 F)_{T,V,N} \geqslant 0.$$

由此导出的条件称为稳定性判据。例如，因为

$$\left(\frac{\partial^2 F}{\partial V^2}\right)_{T,N} = -\left(\frac{\partial p}{\partial V}\right)_{T,N} = \frac{1}{V K_T}, \tag{3-33}$$

自由能偏移为正意味着等温压缩率 K_T 必须为正。显然，如果 K_T 为负，则体系将自发膨胀而降低自由能，体系不会稳定。

不难写下稳定性判据的一般规则。如果热力学势 Φ 有

$$\mathrm{d}\Phi = \sum_{i=1}^{r} \xi_i \mathrm{d}X_i - \sum_{j=r+1}^{n} X_j \mathrm{d}\xi_j,$$

此处 X_k 为广义位移广延变量，ξ_k 为共轭广义力强度变量，则相应的稳

定性判据为

$$\left(\frac{\partial \xi_i}{\partial X_i}\right)_{\boldsymbol{Y},\boldsymbol{\theta}} \geqslant 0,$$

此处 $\boldsymbol{Y}$ 记 $(X_1, \cdots, X_{i-1}, X_{i+1}, \cdots, X_r)$，而 $\boldsymbol{\theta}$ 记 $(\xi_{r+1}, \cdots, \xi_n)$。

统计力学中，涨落是平方量的数学期望，自然是非负的。根据 3.2.3 节中涨落的一般表达式 (3-25)，以上的稳定性判据自然满足。

第4章 无相互作用体系

正则配分函数或巨正则配分函数是统计力学理论的核心。配分函数涉及对所有微观组态贡献的求和，并非易事，只有极少数的系统可被严格求解，必须发展各种近似方法。无相互作用体系的配分函数计算，因为可作因子化，退化为单粒子问题而有精确求解的可能。需要强调，这里的无相互作用是指独立自由度，如耦合谐振子的正则模，因而，某些情况下理想系统也可以很好地近似实际体系。

早期统计力学的进展之一，是将量子理论加入原先的框架，成功地解释了许多新现象，然而，这些发展并非是对统计力学基本框架的扩充。本章也将讨论几个最简单的量子统计问题。

4.1 不可忽略的量子效应

本节讨论在经典体系统计力学中不可忽略的量子效应。本节内容并非只针对经典的无相互作用体系，对经典的有相互作用体系也适用。

4.1.1 经典配分函数的无量纲化

经典正则配分函数由玻耳兹曼因子的相空间积分给出，因而它有作用量 $3N$ 次方的量纲，或者说与 h^{3N} 同量纲，此处 h 为普朗克常数。配分函数无量纲化因子应取 $(\gamma h)^{-3N}$ 的形式，此处 γ 为无量纲常数。记能量不大于 E 且体积为 V 的相空间中的单位相体积平均态密度为 $\bar{g}(E)$。洛伦兹 (Lorentz) 计算了矩形和球形边界问题之后，猜测 $\bar{g}(E)$ 仅依赖于体积，而与形状无关。一年之后，魏耳 (Weyl) 借助希尔伯特 (Hilbert) 积分方程理论证明了洛伦兹猜想。魏耳的结果表明，对于单粒子，平均而言，相体积为 h^3 的相元贡献一个量子态。因而，最自然的选择是 $\gamma = 1$。这里的问题还不是致命的，下面讨论的吉布斯佯谬却是致命的。

4.1.2　吉布斯佯谬

吉布斯早就注意到："如果两个相的不同仅在于某些完全类似的粒子彼此交换了位置，它们应该看作相同的相还是不同的相？如果粒子看作是不可分辨的，依据统计方法的精神，这两个相似乎应视为等同。"他继续指出，如果两个等同的流体块位于相邻的两个小室中，隔板移开时熵应该不变，而如果流体是不同的就会有熵变。无相互作用体系的位形空间积分给出 V^N，对应于粒子处于体积 V 中任一处 $\boldsymbol{r}$ 的概率为 $p_{\boldsymbol{r}} = 1/V$。于是，位形空间的熵项为 $S_r = -N \cdot \sum_{r} p_{\boldsymbol{r}} \log p_{\boldsymbol{r}} = N \log V$。如果体积为 $2V$ 的空间被隔板在正中间分隔为相同的两半，则隔板移除前后的熵分别为 $2N \log(2V)$ 和 $2N \log V$，二者不等，不满足熵的广延性。

区分粒子等同和不等同这两种情形的必要性被叫做吉布斯佯谬，即吉布斯混合熵问题。在量子力学中等同和非等同的粒子具有绝对的差别，无论后者彼此间是如何地相似。吉布斯佯谬由引入量子等同粒子的不可分辨性而得以澄清。量子不可分辨性引入因子 $1/N!$，位形空间积分变为 $V^N/N!$，单粒子的有效体积也由 V 改为 V/N。于是，隔板移除前后的熵均为 $2N \log(V/N)$，不出现混和熵。第二章讨论热力学极限时位形积分放进了因子 $1/N!$，但未作交代。

问题　分析有相互作用体系的吉布斯佯谬。

4.2 理 想 气 体

一群无互相作用的粒子，处于位势为零的箱中，箱壁处的位势为无限大。在这个简单的箱内气体理论模型中，粒子可以是经典的，也可以是量子的，包括费米气体和玻色 (Bose) 气体。箱中气体的量子态能级为 $E_{\boldsymbol{k}} = \hbar^2 k^2/(2m)$, 波矢 $\boldsymbol{k} = 2\pi\boldsymbol{n}/L$, 此处 L 是箱的边长。假定体系能级间距极小，则可以将能级视为连续。这在第 2.4 节中已简要讨论过。

不使用连续近似，可以直接考虑体系的能级。体系的微观组态由各个能级上的粒子数表示。组态求和就是对各能级上的粒子占有数的组合求和。正则分布有总粒子数的限制，求和不便，因而多使用巨正则分布。巨正则分布的配分函数，现在由于无相互作用而可作因子化，可写作

$$\Xi = \sum_{\nu,N} \exp[-\beta(E_{\nu,N} - \mu N)]$$

$$= \prod_j \exp\left\{-\beta\sum_{n_j}[(\epsilon_j - \mu)n_j + \epsilon_{j0}]\right\} \equiv \prod_j \zeta_j. \tag{4-1}$$

此处 ν 为 N 粒子体系的能级标，n_j 为单粒子能级 j 上的粒子数，而 ϵ_{j0} 记可能出现的零点能，ζ_j 为单能级的配分函数。化学势项说明与粒子数改变相应的能量，采用巨配分函数大大简化了处理。

对于无相互作用玻色子，单能级上的粒子数没有限制，因而

$$\zeta_{\mathrm{BE}} = \mathrm{e}^{-\beta\epsilon_0}\left[1 + \mathrm{e}^{-\beta(\epsilon-\mu)} + \mathrm{e}^{-2\beta(\epsilon-\mu)} + \cdots\right] = \mathrm{e}^{-\beta\epsilon_0}\left[1 - \mathrm{e}^{\beta(\mu-\epsilon)}\right]^{-1}. \tag{4-2}$$

能级 j 的平均粒子数为

$$\langle n_j\rangle_{\mathrm{BE}} = \frac{\partial\log\zeta_j}{\beta\partial\mu} = \left[\mathrm{e}^{\beta(\epsilon_j-\mu)} - 1\right]^{-1}. \tag{4-3}$$

对于无相互作用费米子，泡利 (Pauli) 原理要求每个单能级上的粒子数只能为 0 或 1，因而

$$\zeta_{\mathrm{FD}} = 1 + \mathrm{e}^{\beta(\mu-\epsilon)}. \tag{4-4}$$

能级 j 的平均占有数为费米–狄拉克 (Dirac) 分布

$$\langle n_j \rangle_{\mathrm{FD}} = \left[\mathrm{e}^{\beta(\epsilon_j-\mu)} + 1\right]^{-1} \equiv F(\epsilon - \mu). \tag{4-5}$$

此处 F 特别称为费米函数。

费米子平均占有数可与玻色子一起表作

$$\langle n_j \rangle_{\mathrm{B/F}} = \left[\mathrm{e}^{\beta(\epsilon_j-\mu)} \mp 1\right]^{-1}. \tag{4-6}$$

如果占有数很小，即 $\langle n_j \rangle \ll 1$，则 $\mathrm{e}^{\beta(\epsilon_j-\mu)} \gg 1$。（这个条件必须对所有 ϵ_j 成立，所以应有 $-\beta\mu \gg 1$。）以上的玻色–爱因斯坦 (Einstein) 统计 (BE) 和费米–狄拉克统计 (FD) 均退化为同一的麦克斯韦–玻耳兹曼统计 (MB)

$$\langle n_j \rangle_{\mathrm{MB}} = \mathrm{e}^{-\beta(\epsilon_j-\mu)} \ll 1. \tag{4-7}$$

此时的化学势应由如下粒子数条件来确定：

$$\langle N \rangle = \sum_j \langle n_j \rangle = \sum_j \mathrm{e}^{-\beta(\epsilon_j-\mu)} \equiv \mathcal{Z}\mathrm{e}^{\beta\mu},$$
$$\mathcal{Z} \equiv \sum_j \mathrm{e}^{-\beta\epsilon_j}, \quad \beta\mu = \log\langle N \rangle - \log\mathcal{Z}. \tag{4-8}$$

于是，如果记 $p_j = \mathrm{e}^{-\beta\epsilon_j}/\mathcal{Z}$，则由上二式得 $\langle n_j \rangle = \langle N \rangle p_j$，表明 p_j 为在单粒子态上出现一个粒子的概率。

在麦克斯韦–玻耳兹曼极限下 $\zeta_{\mathrm{BE}} \approx \zeta_{\mathrm{FD}} \equiv \zeta_{\mathrm{MB}} \equiv \zeta$，准至第一阶，

巨正则配分函数及其对数为

$$\Xi(\beta, V, \mu) = \prod_j \zeta_j = \prod_j \left[1 + \mathrm{e}^{-\beta(\epsilon_j - \mu)}\right],$$

$$\log \Xi = \sum_j \mathrm{e}^{-\beta(\epsilon_j - \mu)} = \sum_j \langle n_j \rangle = \langle N \rangle. \tag{4-9}$$

在热力学极限下，由巨正则分布和正则分布的等价性可写

$$\Xi(\beta, V, \mu) = Z(\beta, V, \langle N \rangle)\mathrm{e}^{\beta \mu \langle N \rangle}, \tag{4-10}$$

此处 Z 为正则配分函数。对上式取对数，得

$$\langle N \rangle = \log Z(\beta, V, \langle N \rangle) + \beta \mu \langle N \rangle = \log Z(\beta, V, \langle N \rangle) + \langle N \rangle (\log \langle N \rangle - \log \mathcal{Z}), \tag{4-11}$$

这里最后一步用了式 (4-8) 中的化学势表达式。由上式渐近地有正则配分函数

$$Z(\beta, V, N) = \frac{\mathcal{Z}^N}{N!},$$

出现量子不可分辨性因子 $1/N! \sim \mathrm{e}^{-(N \log N - N)}$。第 2.4 节曾直接推导了无内部自由度的经典理想系统的正则配分函数

$$Z(\beta, V, N) = \left(n\lambda_T^3/\mathrm{e}\right)^{-N}, \qquad n \equiv N/V, \quad \lambda_T^2 \equiv \beta\hbar^2/(2\pi m). \tag{4-12}$$

由之可推得内能、自由能和熵：

$$U = -\left(\frac{\partial \log Z}{\partial \beta}\right) = \frac{3N}{2\beta}, \quad F = -T \log Z = NT\left[\log\left(n\lambda_T^3\right) - 1\right],$$

$$S = N\left[\frac{5}{2} - \log\left(n\lambda_T^3\right)\right], \tag{4-13}$$

此处 S 可由 $U - F/T$ 或 $-\partial F/\partial T$ 导出。因而，等容热容为 $C_V = (\partial U/\partial T)_{V,N} = \frac{3}{2}N$。由自由能可得压强 $p = -(\partial F/\partial V)_{T,N}$，有理想气体

状态方程: $pV = NT$。此外, 吉布斯自由能和化学势为:

$$G = F + pV = F + NT = NT \log\left(n\lambda_T^3\right), \quad \mu = G/N = T \log\left(n\lambda_T^3\right).$$

$$(4\text{-}14)$$

4.2.1　大气垂直温降

气温随高度上升而递减。国际民航组织的数据指出, 高度每上升百米, 干空气温度约下降 1°C (含有水汽的湿空气, 受水汽凝结时释放潜热的影响, 下降率减缓)。干绝热垂直温降率, 不考虑水汽凝结及其释放潜热。空气的热导率很低, 由热传导引起的热量传递可略, 可以近似地认为大气处于绝热稳定状态, 即移至新高度的气块经绝热过程后将与其周围状态一致。

基于上节引述的第 2.4 节的结果式 (4-12), 如果加进单粒子内部自由度配分函数 $\tilde{q}$ 的贡献, 则配分函数为

$$Z(\beta, V, N) = \left(\frac{\mathrm{e}\tilde{q}V}{N\lambda^3}\right)^N,$$

$$\Xi(\beta, V, \mu) = \exp\left(\frac{V\mathrm{e}^{\beta\mu}\tilde{q}}{\lambda^3}\right) = \mathrm{e}^{-\beta\Omega}, \quad \Omega = -pV, \qquad (4\text{-}15)$$

此处略去了热波长的下标。于是, 内能

$$U = -\left(\frac{\partial \log Z}{\partial \beta}\right)_{V,N} = N\frac{\mathrm{d}}{\mathrm{d}\beta}\log\left(\lambda^3/\tilde{q}\right) \equiv N\varphi(T), \qquad (4\text{-}16)$$

由巨配分函数出发, 可得

$$\langle N \rangle = -\left(\frac{\partial \log \Xi}{\beta\partial\mu}\right)_{\beta,V} = -\beta\Omega = \beta pV, \qquad (4\text{-}17)$$

此即理想气体的状态方程:

$$pV = \langle N \rangle T. \qquad (4\text{-}18)$$

可逆绝热过程即等熵过程满足

$$-p\mathrm{d}V = \mathrm{d}U = N\varphi'(T)\mathrm{d}T = \varphi'\mathrm{d}(pV) \quad \rightarrow \quad \varphi'\mathrm{d}p/p + (\varphi'+1)\mathrm{d}V/V = 0.$$
(4-19)

引入 $\Gamma = (\varphi'+1)/\varphi'$，上式积分可得等熵过程方程

$$pV^\Gamma \equiv \mathrm{const.}$$

注意到 $\mathrm{d}U = C_V\mathrm{d}T$ 和 $C_p = C_V + N$，则 $C_V = N\varphi'$，$\Gamma = C_p/C_V$。

如果体系处于重力场中，由（水平方向单位面积的薄片的）状态方程得 $-p\mathrm{d}V = V\mathrm{d}p - N\mathrm{d}T = -Nmg\mathrm{d}h - N\mathrm{d}T$，此处 g 为重力加速度。结合式 (4-19) $-p\mathrm{d}V = N\varphi'\mathrm{d}T$，得

$$\mathrm{d}T/\mathrm{d}h = -mg/(\varphi'+1) = -g/c_p,$$

此处 $c_p = C_p/(Nm)$ 为单位质量的等压热容。以上讨论的理想气体是单组分的，而实际大气是多组分的，但不难证实以上结果可以直接推广到多组分。

4.3　气相化学平衡

气相或是液相的可逆化学反应达到平衡时，生成物浓度与反应物浓度之间满足的关系由浓度平衡常数 K_c 描述。气相配分函数可用于计算 K_c。化学反应如 $aA + bB \rightleftharpoons cC + dD$，可写成

$$0 = cC + dD - aA - bB \equiv \sum_{i=1}^{4} \nu_i X_i,$$

此处 ν_i 称为化学计量系数，对生成物和反应物分别取正、负号。此关系制约了化学反应引起的粒子数变化 $\mathrm{d}N_i$：对于各组元 $\mathrm{d}N_i/\nu_i$ 为恒量，因

而，在等温等压下的平衡条件为

$$0 = \sum_i \nu_i \mu_i.$$

对于理想气体，由 (4-9) 及巨正则系综和正则系综的等价性，有

$$\langle N \rangle = \log \Xi = \log \left(\frac{1}{\langle N \rangle!} q^{\langle N \rangle} e^{\beta \mu \langle N \rangle} \right),$$

即 $\beta \mu = \log \langle N \rangle - \log q$，此处 q 为单粒子配分函数。进一步可写 $q = V \lambda_T^{-3} \tilde{q}$，此处 $\tilde{q}$ 是只由内部自由度决定的单粒子配分函数部分。对于 r 组元的混合理想气体，仍然有

$$\beta \mu_i = \log \langle N_i \rangle - \log q_i. \tag{4-20}$$

如果引入 $\beta \mu_i \equiv \log(\rho_i \gamma_i)$，$\rho_i = N_i/V$，则

$$0 = \sum_i \nu_i \log \rho_i \gamma_i = \log \left[\prod_i (\rho_i \gamma_i)^{\nu_i} \right].$$

于是，

$$K_c \equiv \prod_i \rho_i^{\nu_i} = \prod_i \gamma_i^{-\nu_i},$$

此称为质量作用定律。由式 (4-20) 可得

$$K_c = \prod_i \left(\lambda_i^{-3} \tilde{q}_i \right)^{\nu_i},$$

此处 λ_i 为热波长。

在化学平衡的定温情况下，固体浓度正比于其密度。例如，对于反应 $2AgCl + Zn \rightleftharpoons ZnCl_2 + 2Ag \sim 2Ag_{(aq)}^+ + Zn_{(s)} \rightleftharpoons Zn_{(aq)}^{++} + 2Ag_{(s)}$，可取 $K_c = [(Zn)^{++}]/[(Ag)^+]^2$，此处 $[x] \equiv \rho_x$，下标 (aq) 和 (s) 分别记溶液相和固相。质量作用定律包含两重意义：平衡时的反应混合物的组成，以及基本反应的动力学速率。

4.4 声子气体: 固体比热

爱因斯坦模型假设固体由 $3N$ 个可分辨的独立振子组成。单振子的能谱即声子谱为 $\epsilon_j = (n_j + 1/2)\hbar\omega$。单振子占有能级 ϵ_j, 可解释作 n_j 个声子占有能级 $\hbar\omega$。声子总数不守恒, 对应于化学势为零。(这时的最小自由能满足 $\mu = (\partial F/\partial N)_{T,V} = 0$。) 由式 (4-1) 和式 (4-2), 巨配分函数为

$$\Xi = \left(e^{\beta\hbar\omega/2} - e^{-\beta\hbar\omega/2}\right)^{-3N} = [2\sinh(\beta\hbar\omega/2)]^{-3N}. \tag{4-21}$$

由熵 $S = -(\partial\Omega/\partial T)_{V,\mu}$, 可得等压热容

$$C_V = -T\frac{\partial^2\Omega}{\partial T^2} = \beta\frac{\partial}{\partial\beta}\left[\beta^2\frac{\partial}{\partial\beta}\left(\frac{\log\Xi}{\beta}\right)\right] = \frac{3}{4}N(\beta\theta)^2\sinh^{-2}(\beta\theta/2). \tag{4-22}$$

此处参数 $\theta \equiv \hbar\omega$ 称为爱因斯坦温度。在高温下, $\beta \to 0$, 有经典结果 $C_V = 3N$。在低温下, $\beta \to \infty$, 热容以指数函数形式趋于零, $C_V \sim \beta^2 e^{-\beta\theta}$, 而不是实验中观察到的 $C_V \sim T^3$。爱因斯坦模型中低温可激发模过少。

德拜 (Debye) 考虑箱中的声波, 假设声波能级很密而可作连续化近似。设声速为 c, 则波矢为 $\boldsymbol{k}$ 的声波频率为 $\omega = ck$。连续化下取 $2\pi\mathrm{d}n_x/L_x = \mathrm{d}k_x$, 则频率区间 $(\omega, \omega + \mathrm{d}\omega)$ 中的模式数为

$$\mathrm{d}n_x = \frac{L_x}{2\pi}\mathrm{d}k_x = \frac{L_x}{2\pi c}\mathrm{d}\omega_x, \quad \to \quad \rho(\omega)\mathrm{d}\omega = \frac{V\omega^2}{2\pi^2 c^3}\mathrm{d}\omega. \tag{4-23}$$

仍然限定总振子数为 $3N$, 取频率由零至某个最大截断值 ω_D 即德拜频率, 则

$$3N = \frac{V}{2\pi^2}\int_0^{\omega_D}\left(\frac{2}{c_t^3} + \frac{1}{c_l^3}\right)\omega^2\mathrm{d}\omega = \frac{V}{2\pi}\left(\frac{2}{c_t^3} + \frac{1}{c_l^3}\right)\frac{\omega_D^3}{3}, \tag{4-24}$$

此处已考虑声波有纵、横模，其声速分别为 c_l 和 c_t。以 ω_D 表示，由 $\int_0^{\omega_D} g(\omega)\mathrm{d}\omega = 3N$，可记态密度为 $g(\omega) = 9N\omega^2/\omega_D^3$。巨势函数为

$$\Omega = T\int_0^{\omega_D}\mathrm{d}\omega\, g(\omega)\log[2\sinh(\beta\hbar\omega/2)].$$

注意到爱因斯坦模型相当于取 $g(\omega)=1$，直接利用式 (4-22) 的结果可得

$$C_V = \int_0^{\omega_D}\mathrm{d}\omega g(\omega)(\beta\theta)^2\sinh^{-2}(\beta\theta/2) = N\frac{9T^3}{4\theta_D^3}\int_0^{\beta\theta_D}\mathrm{d}x\, x^4\sinh^{-2}(x/2),$$

$$(4\text{-}25)$$

此处参数 $\theta_D \equiv \hbar\omega_D$ 称为德拜温度。在高温下，$\beta\to 0$，仍有经典结果 $C_V = 3N$。在低温下，$\beta\to\infty$，上式中的积分仍收敛，热容符合实验中观察到的 $C_V \sim T^3$。

4.5　光子气体：黑体辐射

光子气体中的光子数同样不固定，因而化学势也为零，有单能级的配分函数

$$\zeta_\nu = \left(1 - \mathrm{e}^{-\beta h\nu}\right)^{-1},$$

这里依习惯用 $h\nu$ 替代 $\hbar\omega$，$\nu = 2\pi\omega$。类似于式 (4-23)，考虑到光子有两个偏振模，连续化后的单频的态密度为 $g(\nu) = (8\pi V/c^3)\nu^2$。因而，结合式 (4-3)，单频光子数为

$$n(\nu,T) = g(\nu,T)\left[\mathrm{e}^{\beta h\nu} - 1\right]^{-1} = \frac{8\pi V}{c^3}\frac{\nu^2}{\mathrm{e}^{\beta h\nu} - 1}, \qquad (4\text{-}26)$$

单频能量为 $u(\nu,T) = n(\nu,T)h\nu$。借助如下黎曼 (Riemann) ζ-函数的积分定义：

$$\zeta(s) \equiv \sum_{n=1}^{\infty}\frac{1}{n^s} = \frac{1}{\Gamma(s)}\int_0^{\infty}\mathrm{d}x\,\frac{x^{s-1}}{\mathrm{e}^x - 1}, \qquad (4\text{-}27)$$

可将 $u(\nu, T)$ 对频率 ν 积分计算总能量 $U(T)$，得

$$U(T) = \frac{8\pi h V}{c^3} \int_0^\infty \frac{\nu^3 \mathrm{d}\nu}{\mathrm{e}^{\beta h\nu} - 1} = \frac{8\pi V T^4}{(ch)^3} \Gamma(4)\zeta(4) = \frac{8\pi^5 V T^4}{15(ch)^3}, \quad (4\text{-}28)$$

此处用到 $\Gamma(4) = 6$, $\zeta(4) = \pi^4/90$。由此可导得黑体辐射谱密度

$$\rho(\nu, T) \equiv \frac{u(\nu, T)}{U(T)} = \frac{15}{\pi^4 \nu} \frac{(\beta h\nu)^4}{\mathrm{e}^{\beta h\nu} - 1}. \quad (4\text{-}29)$$

峰值频率在 $\beta h\nu \approx 2.82$，随温度升高辐射体由红转紫。

光子气体的巨势函数为

$$\begin{aligned}
\Omega = -pV &= -\frac{1}{\beta} \int_0^\infty \mathrm{d}\nu\, g(\nu, T) \log\left(1 - \mathrm{e}^{-\beta h\nu}\right) \\
&= -\frac{8\pi V}{\beta c^3} \int_0^\infty \mathrm{d}\nu\, \nu^2 \log\left(1 - \mathrm{e}^{-\beta h\nu}\right).
\end{aligned} \quad (4\text{-}30)$$

此处的积分可用黎曼 ζ-函数表示。引入一般式

$$\begin{aligned}
\mathcal{I}_k &\equiv -\int_0^\infty \mathrm{d}t\, t^{k-1} \log\left(1 - \mathrm{e}^{-t}\right) = \sum_{n=1}^\infty \frac{1}{n} \int_0^\infty \mathrm{d}t\, t^{k-1} \mathrm{e}^{-nt} \\
&= \Gamma(k) \sum_{n=1}^\infty \frac{1}{n^{k+1}} = \Gamma(k)\zeta(k+1).
\end{aligned} \quad (4\text{-}31)$$

于是，

$$p = \frac{8\pi}{\beta^4 (ch)^3} \mathcal{I}_3 = \frac{8\pi^5}{45} \frac{T^4}{(ch)^3}. \quad (4\text{-}32)$$

再由内能的齐次式可得

$$U = TS - pV + \mu N = TS - pV = -T\partial\Omega/\partial T - pV = 3pV.$$

此结果与上面导得的式 (4-28) 完全一致。（普朗克于 1900 年建立了黑体辐射定律，其目的是改进维恩 (Wein) 近似。导致"紫外灾变"的瑞利–金斯 (Rayleigh-Jeans) 公式，晚于普朗克定律。消除紫外发散不可能是普

朗克的动机。普朗克虽然提出能量量子化假说，但并没有提出电磁波的量子化即光子，只是将量子化作为一种数学手段。）

与黎曼 ζ-函数有关的生成函数

$$f(k) = \int_0^\infty \mathrm{d}x \, \frac{\sin kx}{\mathrm{e}^x - 1} = \lim_{\epsilon \to 0} \mathrm{Im} \int_\epsilon^\infty \mathrm{d}x \, \frac{\mathrm{e}^{\mathrm{i}kx}}{\mathrm{e}^x - 1}.$$

它可通过转换为围道积分计算。围道 $C(\epsilon, R)$ 如图 4.1 所示，从 ϵ 出发，到 R，$R + 2\pi\mathrm{i}$，$\epsilon + 2\pi\mathrm{i}$，绕小圆弧到 $2\pi\mathrm{i} - \epsilon\mathrm{i}$，再到 $\epsilon\mathrm{i}$，再绕小圆弧回到 ϵ。二水平线的积分为 $(1 - \mathrm{e}^{-2\pi k})f(k)$，右竖直线的积分趋于零，而左竖直线的积分

$$\mathrm{Im} \int_{2\pi\mathrm{i}}^0 \mathrm{d}x \, \frac{\mathrm{e}^{\mathrm{i}kx}}{\mathrm{e}^x - 1} = -\mathrm{Re} \int_0^{2\pi} \mathrm{d}y \, \frac{\mathrm{e}^{-ky}}{\mathrm{e}^{\mathrm{i}y} - 1}$$

$$= -\frac{1}{2} \int_0^{2\pi} \mathrm{d}y \, \mathrm{e}^{-ky} \left(\frac{1}{\mathrm{e}^{\mathrm{i}y} - 1} + \frac{1}{\mathrm{e}^{-\mathrm{i}y} - 1} \right) = -\frac{1 - \mathrm{e}^{-2\pi k}}{2k}.$$

小圆弧积分由留数给出，最终结果为 $f(k) = \dfrac{1}{2k} + \dfrac{\pi}{2} \coth(\pi k)$。此式可用于定 ζ-函数的一些特殊值。

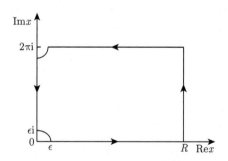

图 4.1　计算积分 $f(k)$ 用的围道 $C(\epsilon, R)$

黑体表面一点的辐射进入以辐射点为球心的半球形空间。由于辐射各向同性且以光速传播，单位面积单位时间辐射出的能量为

$$\frac{cU}{4\pi V} \int_0^{2\pi} \mathrm{d}\phi \int_0^{\pi/2} \mathrm{d}\theta \, \sin\theta \cdot \cos\theta = \frac{3}{4} cp(T) \equiv \sigma T^4,$$

式中的余弦因子来自辐射方向与表面法线的夹角。对照式 (4-32)，得 $\sigma = 2\pi^5/(15c^2h^3)$，称为斯特藩 (Stefan)–玻耳兹曼常数。

考虑太阳–地球系统，假定太阳辐射到地球的总能量与地球辐射出去的能量彼此均衡，则

$$\frac{\pi R_e^2}{4\pi a_e^2} \cdot \sigma T_\odot^4 \cdot 4\pi R_\odot^2 = \sigma T_e^4 \cdot 4\pi R_e^2,$$

此处 $R_\odot$, R_e 分别为太阳和地球的半径，而 $T_\odot$, T_e 为它们的温度，a_e 为地球轨道的半径。于是，

$$T_e = \sqrt{\frac{R_\odot}{2a_e}}T_\odot,$$

估计得地球温度约为 278.4 K，比实际平均地表温度低不足 10 K。实际上，由于大气的温室效应，地球并非黑体。

4.6 理想费米气体

金属中的传导电子非常接近于理想费米气体。如果单电子能量为 $\epsilon_{\boldsymbol{k}} = \hbar^2k^2/(2m)$，则态密度

$$g(k) = 2\frac{Vk^2}{2\pi^2} = \frac{Vk^2}{\pi^2}, \quad g(\epsilon) = g(k)\frac{\mathrm{d}k}{\mathrm{d}\epsilon} = \frac{V(2m^3\epsilon)^{1/2}}{\pi^2\hbar^3} = \frac{4\sqrt{\beta\epsilon}}{\sqrt{\pi}T\lambda_T^3},$$
$$\tag{4-33}$$

此处已计及电子自旋简并度 2，并约定 $k < 0$ 时 $g(k) = 0$。单电子态的平均占有数由费米函数给出：

$$n(\epsilon) = F(\epsilon - \mu) \equiv \left[\mathrm{e}^{\beta(\epsilon-\mu)} + 1\right]^{-1}.$$

在 $T = 0$ 时，费米函数退化为阶跃函数，即 $F(\epsilon - \mu) = \Theta(\mu - \epsilon)$，表明在 $\epsilon = \mu$ 以下的所有单电子能级被占据，而在其以上的能级全为空。

这时的化学势称为费米能，记作 $\epsilon_{\mathrm{F}} \equiv \mu(T = 0)$，相应地有费米波数 $k_{\mathrm{F}} = \sqrt{2m\epsilon_{\mathrm{F}}}/\hbar$。总电子数应满足

$$\langle N \rangle = \int_0^\infty \mathrm{d}k\, g(k) n(\epsilon) = \int_0^{k_{\mathrm{F}}} \mathrm{d}k\, g(k) = \frac{V k_{\mathrm{F}}^3}{3\pi^2}.$$

此式确定费米波数，以电子数密度 $n = \langle N \rangle / V$ 表示，

$$k_{\mathrm{F}} = (3n\pi^2)^{1/3}. \tag{4-34}$$

对于典型的金属，电子密度足够高，$\epsilon_{\mathrm{F}} \gg T$，电子间的相互作用势能与费米能相比不重要，可略。

在有限温度下，化学势有小位移。粒子数函数 $F(\epsilon - \mu)$ 不再是原先的阶跃函数，但只在费米能 ϵ_{F} 的附近有较显著的变化，而 $F'(\epsilon - \mu)$ 也由 $\delta(\epsilon - \mu)$ 缓冲为在 $\epsilon = \mu$ 处的有限高的尖峰。如下的索末菲 (Sommerfeld) 展开可用于相关的积分计算。考虑与费米函数相关的积分

$$\mathcal{I} \equiv \int_{-\infty}^\infty F(x - \mu) \mathrm{d}\Phi(x) = -\int_{-\infty}^\infty \mathrm{d}x\, F'(x) \Phi(x + \mu)$$

$$= -\int_{-\infty}^\infty \mathrm{d}x\, F'(x) \mathrm{e}^{\beta x D} \Phi(\mu), \tag{4-35}$$

此处假定 $\Phi(-\infty) = 0$，$\beta x D = x\mathrm{d}/\mathrm{d}\mu$ 为位移算符，即 $D \equiv \mathrm{d}/(\beta\mathrm{d}\mu)$，上式中已将函数 $\Phi(x + \mu)$ 在 μ 附近的泰勒展开写成位移算符的形式。形式地计算以上含有算符 D 的积分，得

$$\mathcal{I} = \int_{-\infty}^\infty \mathrm{d}x\, \frac{\beta \mathrm{e}^{\beta x} \mathrm{e}^{\beta x D}}{(\mathrm{e}^{\beta x} + 1)^2} \Phi(\mu) = 2\pi\mathrm{i} \sum_{n=0}^\infty \mathrm{Res}\left[\frac{\mathrm{e}^{xD} \Phi(\mu)}{(\mathrm{e}^x + 1)(\mathrm{e}^{-x} + 1)} \right]_{x=(2n+1)\pi\mathrm{i}}$$

$$= -2\pi\mathrm{i} \sum_{n=0}^\infty D \mathrm{e}^{\mathrm{i}(2n+1)\pi D} \Phi(\mu) = -\frac{2\pi\mathrm{i} D \mathrm{e}^{\mathrm{i}\pi D}}{1 - \mathrm{e}^{\mathrm{i}2\pi D}} \Phi(\mu) = \pi D \csc(\pi D) \Phi(\mu)$$

$$= \left[1 + \frac{\pi^2 T^2}{6} \frac{\mathrm{d}^2}{\mathrm{d}\mu^2} + \frac{7\pi^4 T^4}{360} \frac{\mathrm{d}^4}{\mathrm{d}\mu^4} + \cdots \right] \Phi(\mu). \tag{4-36}$$

记化学势 $\mu = \epsilon_F + \delta$，有小位移 δ。由总粒子数表达式

$$\langle N \rangle = \int_{-\infty}^{\infty} d\epsilon\, g(\epsilon) F(\epsilon - \mu), \tag{4-37}$$

对照上述积分得

$$\langle N \rangle = \int_{-\infty}^{\mu} d\epsilon\, g(\epsilon) + \frac{\pi^2 T^2}{6} g'(\mu) + \cdots$$

$$= \int_{-\infty}^{\epsilon_F} d\epsilon\, g(\epsilon) + g(\epsilon_F)\delta + \frac{\pi^2 T^2}{6} g'(\epsilon_F) + \cdots. \tag{4-38}$$

因而，化学势位移为

$$\delta = \frac{\pi^2 T^2}{6} \frac{g'(\epsilon_F)}{g(\epsilon_F)} + \mathcal{O}(T^4) \approx \frac{\pi^2 T^2}{12\epsilon_F}.$$

类似地，由内能表达式可得内能如下：

$$U = \int_{-\infty}^{\infty} d\epsilon\, \epsilon g(\epsilon) F(\epsilon - \mu) = \int_{-\infty}^{\mu} d\epsilon\, \epsilon g(\epsilon) + \frac{\pi^2 T^2}{6} \frac{d[\mu g(\mu)]}{d\mu} + \cdots$$

$$= \int_{-\infty}^{\epsilon_F} d\epsilon\, \epsilon g(\epsilon) + \delta \epsilon_F g(\epsilon_F) + \frac{\pi^2 T^2}{6} [g(\epsilon_F) + \epsilon_F g'(\epsilon_F)] + \cdots$$

$$= \int_{-\infty}^{\epsilon_F} d\epsilon\, \epsilon g(\epsilon) + \frac{\pi^2 T^2}{6} g(\epsilon_F) + \cdots, \tag{4-39}$$

进而得热容

$$C_{V,N} = \left(\frac{\partial U}{\partial T}\right)_{V,N} \approx \frac{\pi^2 T}{3} g(\epsilon_F). \tag{4-40}$$

就在费米–狄拉克统计发现后不久，福勒 (Fowler) 发表了极有创意的文章，提出白矮星的物质由简并费米气体组成。十分遗憾，他没有同时看到费米气体在金属电子中的应用。后者由索末菲在大约两年后提出，现代量子导电理论也随之开始。

问题 金属铜的密度为 $8.96 \times 10^3 \mathrm{kg/m^3}$，相对原子量为 63.5。设每个原子贡献一个自由电子，求金属铜电子的费米能级及费米温度，并说明结果的物理意义。

4.7　玻色-爱因斯坦凝聚

设玻色子内部结构可略, 能量为 $\epsilon_{\boldsymbol{p}} = p^2/(2m)$, 参考式 (4-33) 可写

$$g(\epsilon) = \frac{2g\sqrt{\beta\epsilon}}{\sqrt{\pi}T\lambda_T^3},$$

此处 g 为粒子的内部简并度, 上节中对电子取 $g = 2$。由式 (4-1) 和式 (4-2), 巨势函数为

$$
\begin{aligned}
\Omega &= -pV = T\int_0^\infty \mathrm{d}\epsilon\, g(\epsilon)\log\left[1 - \mathrm{e}^{\beta(\mu-\epsilon)}\right] \\
&= -\frac{2gV}{\lambda_T^3\sqrt{\pi}}\sum_{n=1}^\infty \int_0^\infty \mathrm{d}\epsilon\, n^{-1}(\beta\epsilon)^{1/2}\mathrm{e}^{n\beta(\mu-\epsilon)} \\
&= -\frac{2gVT}{\lambda_T^3\sqrt{\pi}}\Gamma\left(\frac{3}{2}\right)\sum_{n=1}^\infty \frac{z^n}{n^{\frac{5}{2}}} \equiv -\frac{gVT}{\lambda_T^3}\mathrm{Li}_{\frac{5}{2}}(z).
\end{aligned}
\tag{4-41}
$$

此处 $z = \mathrm{e}^{\beta\mu}$ 为逸度, μ 不应大于单粒子能量的下限 (这里为零), 即 μ 为负, 否则上式对数的宗量可能为负。最后出现的函数 Li_q, 其定义为

$$\mathrm{Li}_q(z) \equiv \sum_{n=1}^\infty \frac{z^n}{n^q}, \quad z\frac{\mathrm{d}}{\mathrm{d}z}\mathrm{Li}_q(z) = \mathrm{Li}_{q-1}(z), \quad \mathrm{Li}_q(1) = \zeta(q).$$

它称作多重对数函数, 常出现在费米–狄拉克分布及玻色–爱因斯坦分布解析解的积分式中, 因而也称为费米–狄拉克积分或玻色–爱因斯坦积分。于是,

$$p(T,\mu) = \frac{gT}{\lambda_T^3}\mathrm{Li}_{\frac{5}{2}}(z),$$

$$n(T,\mu) = \frac{\langle N\rangle}{V} = \left(\frac{\partial p}{\partial \mu}\right)_{T,V} = \frac{z\partial p}{T\partial z} = \frac{g}{\lambda_T^3}\mathrm{Li}_{\frac{3}{2}}(z). \tag{4-42}$$

显然, T 或 μ 增大时, n 均增大。固定 T 时, $n(T,\mu)$ 的最大值为 $n(T,0) \equiv n_c(T)$。当 $n < n_c(T)$ 时, 可由 $n(T,\mu)$ 反解出 μ, 但 $n > n_c(T)$ 时, 有奇

异发生。依式 (4-3)，在 $\epsilon = 0$ 能态的粒子数可写作

$$\langle n_0 \rangle = z/(1 - z).$$

当 $z \to 1^-$ 时，$\langle n_0 \rangle$ 发散，需要从连续态中分离出来单独讨论。于是，

$$n(T, \mu) = \langle n_0 \rangle + g\lambda_T^{-3} \mathrm{Li}_{\frac{3}{2}}(z) = \begin{cases} z/(1 - z) + g\lambda_T^{-3}\zeta(3/2), & T < T_c, \\ \\ g\lambda_T^{-3} \mathrm{Li}_{\frac{3}{2}}(z), & T > T_c, \end{cases}$$

$$(4\text{-}43)$$

此处的 T_c 为临界温度，由密度 $n = g\lambda_T^{-3}\zeta(3/2)$ 确定，得

$$T_c = 2\pi m h^{-2}[(g\zeta(3/2)/n]^{-2/3}.$$

此式的意义是，在处于临界温度的体系中，连续态的粒子数已达上限即对应于 $z = 1$ 之值 $n_c(T)$。继续降温，则该上限值下降，连续态容纳不了的多余粒子必须全进入 $\epsilon = 0$ 态。此宏观占有单一量子态 $\epsilon = 0$ 的现象，称为玻色–爱因斯坦凝聚。此时 $n^{-1/3}$ 即粒子平均间距与热波长 λ_T 同量级，量子效应显著。

理想玻色气体的内能，可由 $U = \Omega + TS + \mu N = \mu N + \partial(\beta\Omega)/\partial\beta$ 计算，也可与式 (4-41) 类似地直接积分如下：

$$\begin{aligned} U &= \int_0^\infty \mathrm{d}\epsilon\, \epsilon g(\epsilon) n(\epsilon) = \frac{2gV}{\lambda_T^3 \sqrt{\pi}} \sum_{n=1}^\infty \int_0^\infty \mathrm{d}\epsilon\, (\beta\epsilon)^{3/2} \frac{\mathrm{e}^{\beta(\mu-\epsilon)}}{1 - \mathrm{e}^{\beta(\mu-\epsilon)}} \\ &= \frac{2gV}{\lambda_T^3 \sqrt{\pi}} \sum_{n=1}^\infty \int_0^\infty \mathrm{d}\epsilon\, (\beta\epsilon)^{3/2} \mathrm{e}^{n\beta(\mu-\epsilon)} \\ &= \frac{2gVT}{\lambda_T^3 \sqrt{\pi}} \Gamma\left(\tfrac{5}{2}\right) \sum_{n=1}^\infty \frac{z^n}{n^{\frac{5}{2}}} = \frac{3gVT}{2\lambda_T^3} \mathrm{Li}_{\frac{5}{2}}(z). \end{aligned} \quad (4\text{-}44)$$

由此可计算热容。对于 $T < T_c$，$\mathrm{Li}_{\frac{5}{2}}(z) \to \zeta(5/2)$，计算比较简单：

$$C_{V,N}(T, \mu) = \left(\frac{\partial U}{\partial T}\right)_{V,N} = \frac{15gV}{4\lambda_T^3}\zeta(5/2). \quad (4\text{-}45)$$

对于 $T > T_c$，由 $N = -(\partial\Omega/\partial\mu)_{T,V} = gV\mathrm{Li}_{\frac{3}{2}}(z)/\lambda_T^3$ 及式 (4-44)，得

$$\mathrm{d}N|_V = \frac{3gV}{2\lambda_T^3}\mathrm{Li}_{\frac{3}{2}}(z)\frac{\mathrm{d}T}{T} + \frac{gV}{\lambda_T^3}\mathrm{Li}_{\frac{1}{2}}(z)\frac{\mathrm{d}z}{z},$$

$$\mathrm{d}U|_V = \frac{15gVT}{4\lambda_T^3}\mathrm{Li}_{\frac{5}{2}}(z)\frac{\mathrm{d}T}{T} + \frac{3gV}{2\lambda_T^3}\mathrm{Li}_{\frac{3}{2}}(z)\frac{\mathrm{d}z}{z},$$

再借助式 (4-43) 中 $n(T,\mu)$ 的结果，得

$$C_{V,N}(T,\mu) = \frac{15gV}{4\lambda_T^3}\mathrm{Li}_{\frac{5}{2}}(z) - \frac{9gV}{4}n(T,\mu)\frac{\mathrm{Li}_{\frac{3}{2}}(z)}{\mathrm{Li}_{\frac{1}{2}}(z)}. \tag{4-46}$$

热容在 $T = T_c$ 处变化不光滑。

第5章　相互作用体系

　　理想系统可以被准确处理，有助于展现并检验统计力学的基本思想，如讨论吉布斯佯谬，也为实际体系提供了一种用以参照比较的体系。然而，相互作用可引起区别于理想体系的本质性变化，如何处理相互作用也成为统计力学的核心问题之一。除了个别例外，相互作用无法严格处理，必须发展各种近似方法。本章将介绍几个典型的近似方法。平均场理论是极重要的近似方法，因之与相变有密切关系，将放在下章讲述。本章也不讨论一般的微扰论方法，只在这里提醒，选择适当的未微扰参考体系对于微扰处理很重要，例如，理想气体不是液体的好参考体系，刚球体系则更为合适。

5.1　约化分布函数

　　本章主要考虑经典连续体系，其哈密顿量形如

$$\hat{H} = \hat{H}^0 + \hat{H}' = \sum_i \frac{p_i^2}{2m_i} + U\left(\boldsymbol{r}^N\right).$$

如果 $U\left(\boldsymbol{r}^N\right) = 0$，体系退化为上章处理过的理想体系。体系的正则配分函数为

$$Z(\beta, V, N) = \frac{1}{N!h^{3N}} \int \mathrm{d}\boldsymbol{r}^N \int \mathrm{d}\boldsymbol{p}^N \exp\left\{-\beta\left[\sum_i \frac{p_i^2}{2m_i} + U\left(\boldsymbol{r}^N\right)\right]\right\}$$

$$\equiv \lambda_T^{-3N} \cdot \frac{Q(\beta, V, N)}{N!}, \tag{5-1}$$

此处的 Q 为配分函数的位形部分:

$$Q(\beta, V, N) \equiv \int \mathrm{d}\boldsymbol{r}^N \exp\left[-\beta U\left(\boldsymbol{r}^N\right)\right]. \tag{5-2}$$

因为动量部分和位形部分可因子化, 一个特定位形 $\boldsymbol{r}^N$ 的概率为

$$P\left(\boldsymbol{r}^N\right) = Q^{-1}(\beta, V, N) \exp\left[-\beta U\left(\boldsymbol{r}^N\right)\right], \tag{5-3}$$

这是一个只含位形的边际分布。

设相互作用势为两体可加有心势, 即

$$U\left(\boldsymbol{r}^N\right) = \sum_i \sum_{j<i} u(|\boldsymbol{r}_i - \boldsymbol{r}_j|) \equiv \sum_i \sum_{j<i} u(r_{ij}).$$

这时体系的许多性质可用由低维边际分布导出的所谓约化分布函数来描述。最简单的约化分布函数是单点分布函数 $\rho(\boldsymbol{r})$, 是以 N 标度后的单粒子边际分布, 对应于任一粒子处于空间位置 $\boldsymbol{r}$ 的概率。引入粒子数算符 $N(\boldsymbol{r}) = \sum_i \delta(\boldsymbol{r}_i - \boldsymbol{r})$, 则

$$\begin{aligned}
\rho(\boldsymbol{r}) &\equiv \langle N(\boldsymbol{r})\rangle = \int \mathrm{d}\boldsymbol{r}^N\, N(\boldsymbol{r}) P\left(\boldsymbol{r}^N\right) \\
&= N \int \mathrm{d}\boldsymbol{r}_2 \cdots \mathrm{d}\boldsymbol{r}_N\, P\left(\boldsymbol{r}, \boldsymbol{r}_2, \cdots, \boldsymbol{r}_N\right) \\
&\equiv N Q^{-1} \int \mathrm{d}\boldsymbol{r}^{N-1}\, \mathrm{e}^{-\beta U\left(\boldsymbol{r}^N\right)}.
\end{aligned} \tag{5-4}$$

一般地, n 点约化分布函数定义作

$$\rho^{(n)}\left(\boldsymbol{r}_1, \cdots, \boldsymbol{r}_n\right) \equiv \rho(\{n\}) \equiv \frac{N!}{(N-n)!} Q^{-1} \int \mathrm{d}\boldsymbol{r}^{N-n}\, \mathrm{e}^{-\beta U\left(\boldsymbol{r}^N\right)}, \tag{5-5}$$

描述体系中有任意 n 个粒子分别处于空间位置 $\boldsymbol{r}_1, \cdots, \boldsymbol{r}_n$ 的概率。特别地, 两点约化分布函数

$$\rho^{(2)}\left(\boldsymbol{r}_1, \boldsymbol{r}_2\right) = \langle N(\boldsymbol{r}_1) N(\boldsymbol{r}_2) - N(\boldsymbol{r}_1)\delta(\boldsymbol{r}_1 - \boldsymbol{r}_2)\rangle$$

$$= N(N-1)Q^{-1} \int \mathrm{d}\boldsymbol{r}^{N-2}\, \mathrm{e}^{-\beta U(\boldsymbol{r}^N)}. \tag{5-6}$$

因为当 $|\boldsymbol{r}_1 - \boldsymbol{r}_2| \to \infty$ 时，$\rho^{(2)}(\boldsymbol{r}_1, \boldsymbol{r}_2) \to \rho^2 = (N/V)^2$，引入

$$g(r) = \rho^{(2)}(\boldsymbol{r}_1, \boldsymbol{r}_2)/\rho^2, \tag{5-7}$$

称之为径向分布函数，又称为偶对关联函数或直称关联函数。

由空间均匀性可得，$\rho^{(1)}(\boldsymbol{r}) = \rho$。由 $\rho^{(2)}$ 的定义知，$\rho^{(2)}$ 和 $g(r)$ 应满足如下的求和律：

$$\int \mathrm{d}\boldsymbol{r}_1 \int \mathrm{d}\boldsymbol{r}_2\, \rho^{(2)}(\boldsymbol{r}_1, \boldsymbol{r}_2) = N(N-1), \quad \int \mathrm{d}\boldsymbol{r}\, g(r) = V - \frac{V}{N}. \tag{5-8}$$

函数 $g(r)$ 扮演特别重要的角色，值得进一步考察。因为 $g(r) \xrightarrow{r\to\infty} 1$，常考虑 $h(r) = g(r) - 1$，它也称为偶对关联函数。如果只关注粒子 1 和 2，将其他粒子看作背景，则此二粒子间的有效作用力为

$$\int \mathrm{d}\boldsymbol{r}^{N-2} \left[\frac{\mathrm{d}}{\mathrm{d}\boldsymbol{r}_1} U(\boldsymbol{r}^N) \right] P(\boldsymbol{r}^{N-2}|\boldsymbol{r}_1, \boldsymbol{r}_2)$$
$$= \int \mathrm{d}\boldsymbol{r}^{N-2} \left[\frac{\mathrm{d}}{\mathrm{d}\boldsymbol{r}_1} U(\boldsymbol{r}^N) \right] P(\boldsymbol{r}^N) \Big/ P^{(2)}(\boldsymbol{r}_1, \boldsymbol{r}_2)$$
$$= \int \mathrm{d}\boldsymbol{r}^{N-2} \left[\frac{\mathrm{d}}{\mathrm{d}\boldsymbol{r}_1} U(\boldsymbol{r}^N) \right] \mathrm{e}^{-\beta U} \Big/ \int \mathrm{d}\boldsymbol{r}^{N-2} \mathrm{e}^{-\beta U}$$
$$= T \frac{\mathrm{d}}{\mathrm{d}\boldsymbol{r}_1} \log \left[\int \mathrm{d}\boldsymbol{r}^{N-2} \mathrm{e}^{-\beta U} \right]$$
$$= T \frac{\mathrm{d}}{\mathrm{d}\boldsymbol{r}_1} \log \left[N(N-1) \int \mathrm{d}\boldsymbol{r}^{N-2} \mathrm{e}^{-\beta U} \Big/ Q \right] = T \frac{\mathrm{d}}{\mathrm{d}r} \log g(r). \tag{5-9}$$

以上推导中最后一步乘了常数因子 $N(N-1)/Q$，其取导后为零，无影响。此式表明由 $g(r) = \mathrm{e}^{-\beta w(r)}$ 定义的势函数 $w(r) = -T \log g(r)$，是该二粒子间的有效势，常称为平均力势。还可由 n 点约化分布函数定义平均力势 $w^{(n)}(\boldsymbol{r}^n)$，当然还有更一般的有效势。

关于 $g(r)$ 的信息可从衍射实验获得。不问具体的探测射线束是什么，考虑波矢为 $\boldsymbol{k}$ 的平面波入射到样品体系上，处于 $\boldsymbol{r}_j$ 的散射中心粒子对于沿 $\boldsymbol{k}'$ 方向的散射波贡献的散射幅，依玻恩近似为

$$A(\boldsymbol{q}) \propto f(\boldsymbol{q}) \mathrm{e}^{-\mathrm{i}\boldsymbol{q}\cdot\boldsymbol{r}_j},$$

此处 $|\boldsymbol{k}'| = |\boldsymbol{k}|$，$\boldsymbol{q} = \boldsymbol{k}' - \boldsymbol{k}$，而 $f(\boldsymbol{q})$ 刻画散射中心的散射本领。探测器接收到的散射波总强度，是各散射中心散射幅总和的平方平均，应正比于如下的结构因子：

$$\begin{aligned}
S(\boldsymbol{q}) &= \frac{1}{N}\left\langle \sum_{j,k} \exp[\mathrm{i}\boldsymbol{q}\cdot(\boldsymbol{r}_j - \boldsymbol{r}_k)]\right\rangle \\
&= 1 + \frac{1}{N}\cdot N(N-1)Q^{-1}\int \mathrm{d}\boldsymbol{r}^N\, \mathrm{e}^{\mathrm{i}\boldsymbol{q}\cdot(\boldsymbol{r}_1-\boldsymbol{r}_2)}\mathrm{e}^{-\beta U} \\
&= 1 + \frac{1}{N}\int \mathrm{d}\boldsymbol{r}_1\int \mathrm{d}\boldsymbol{r}_2\, \rho^{(2)}(\boldsymbol{r}_1,\boldsymbol{r}_2)\mathrm{e}^{\mathrm{i}\boldsymbol{q}\cdot(\boldsymbol{r}_1-\boldsymbol{r}_2)} \\
&= N\delta_{\boldsymbol{q},0} + 1 + \rho\int \mathrm{d}\boldsymbol{r}\,[g(r)-1]\mathrm{e}^{\mathrm{i}\boldsymbol{q}\cdot\boldsymbol{r}}, \tag{5-10}
\end{aligned}$$

以上推导中用到了 $\int \mathrm{d}\boldsymbol{r}\, \mathrm{e}^{\mathrm{i}\boldsymbol{q}\cdot\boldsymbol{r}} = V\delta_{\boldsymbol{q},0}$。此式表明结构因子对应于关联函数 $h(r)$ 的傅里叶 (Fourier) 变换。

体系内能的作用势贡献为

$$\begin{aligned}
\langle U\rangle &= \int \mathrm{d}\boldsymbol{r}^N\, U\left(\boldsymbol{r}^N\right) P\left(\boldsymbol{r}^N\right) \\
&= \frac{N(N-1)}{2}Q^{-1}\int \mathrm{d}\boldsymbol{r}_1\mathrm{d}\boldsymbol{r}_2\, u(\boldsymbol{r}_1,\boldsymbol{r}_2)\int \mathrm{d}\boldsymbol{r}^{N-2}\,\mathrm{e}^{-\beta U(\boldsymbol{r}^N)} \\
&= \frac{V}{2}\int \mathrm{d}\boldsymbol{r}\, u(r)\rho^{(2)}(r) = \frac{\rho N}{2}\int \mathrm{d}\boldsymbol{r}\, u(r)g(r). \tag{5-11}
\end{aligned}$$

另外，还可建立压强 p 和 $g(r)$ 的联系。借助标度变换 $\boldsymbol{r}\to\xi\boldsymbol{r}$，可得 $\partial/\partial V\to\partial/(3V\partial\xi)|_{\xi=1}$，于是，

$$\frac{\partial Q}{\partial\xi} = \frac{3N}{\xi}Q - \frac{\beta}{2}\xi^{3N-1}N(N-1)V\int \mathrm{d}\boldsymbol{r}\, r\frac{\mathrm{d}u(\xi r)}{\mathrm{d}r}\int \mathrm{d}\boldsymbol{r}^{N-2}\mathrm{e}^{-\beta U}.$$

最终得

$$p = T\frac{\partial \log Z}{\partial V} = \frac{T}{Q}\frac{\partial Q}{\partial V} = \frac{1}{3V}\left(3NT - \frac{1}{2}V\rho^2 \int \mathrm{d}\boldsymbol{r}\, r u'(r)g(r)\right)$$

$$= \rho T - \frac{1}{6}\rho^2 \int \mathrm{d}\boldsymbol{r}\, r u'(r)g(r). \tag{5-12}$$

引入活度 $y = \mathrm{e}^{\beta\mu}/\lambda_T^3$，则巨配分函数为

$$\Xi(\beta, V, \mu) = \sum_N Z(\beta, V, N)\mathrm{e}^{\beta\mu N} = \sum_N \frac{1}{N!}Q(\beta, V, N)y^N. \tag{5-13}$$

在巨正则系综中，记概率 $P_N(\{N\}) = y^N \exp\{\beta pV - \beta U_N(\{N\})]\}$，则约化分布函数为：

$$\rho(\{n\}) = \sum_{N \geqslant 0} \frac{1}{N!} \int \mathrm{d}\{N\}\, P_{n+N}(\{n\} + \{N\}),$$

此处 $\mathrm{d}\{N\}$ 对应于之前的 $\mathrm{d}\boldsymbol{r}^N$。此时粒子数不固定，求和律 (5-8) 应替换为

$$\int \mathrm{d}\boldsymbol{r}_1 \int \mathrm{d}\boldsymbol{r}_2\, \rho^{(2)}\left(\boldsymbol{r}_1, \boldsymbol{r}_2\right) = \langle N(N-1)\rangle,$$

$$\int \mathrm{d}\boldsymbol{r}\, h(r) = \frac{V}{\langle N\rangle}\left(\frac{\langle N^2\rangle - \langle N\rangle^2}{\langle N\rangle} - 1\right) = TK_T - \frac{V}{\langle N\rangle}, \tag{5-14}$$

此处已用到巨正则分布的粒子数涨落 $\langle N^2\rangle - \langle N\rangle^2 = -T(\partial\langle N\rangle/\partial\mu)_{T,V}$ 的关系和 3.2.3 节的结果。正则分布的求和律中无等温压缩率 K_T 项，在衍射实验中射线束感知的样品部分的粒子数不固定，巨正则分布的结果更为合理。另外，式 (5-14) 也给出了关联函数 $h(r)$ 与等温压缩率的关系。

5.2 关联函数的级联关系

因为低阶约化分布函数可由高阶约化分布函数积分得到，它们彼此之间并不独立。BBGKY (Born, Bogoliubov, Green, Kirkwood, Yvon) 曾

由分布函数 $P\left(\boldsymbol{r}^N,\boldsymbol{p}^N\right)$ 所满足的刘维尔 (Liouville) 方程出发，导出一套含时的动态级联关系。刘维尔方程本质上描写轨道，用之刻画分布有局限性。本节只限于讨论静态的 BBGKY 级联关系。

5.2.1 静态 BBGKY 级联关系

由 $\rho(\boldsymbol{r}_1)$ 的定义出发可证

$$
\begin{aligned}
\nabla_1\rho(\boldsymbol{r}_1) &= \frac{N}{Q}\int \mathrm{d}\boldsymbol{r}^{N-1}\,\nabla_1\mathrm{e}^{-\beta U}\\
&= -\beta\frac{N}{Q}(N-1)\int \mathrm{d}\boldsymbol{r}^{N-1}[\nabla_1 u(\boldsymbol{r}_1,\boldsymbol{r}_2)]\,\mathrm{e}^{-\beta U}\\
&= -\beta\int \mathrm{d}\boldsymbol{r}_2[\nabla_1 u(\boldsymbol{r}_1,\boldsymbol{r}_2)]\rho^{(2)}(\boldsymbol{r}_1,\boldsymbol{r}_2),
\end{aligned}
$$

此处 $\nabla_1\equiv\partial/\partial\boldsymbol{r}_1$。类似地，由 $\rho^{(2)}$ 的定义出发有

$$
\begin{aligned}
\nabla_1\rho^{(2)}(\boldsymbol{r}_1,\boldsymbol{r}_2) =&\frac{N(N-1)}{Q}\int \mathrm{d}\boldsymbol{r}^{N-2}\,\nabla_1\mathrm{e}^{-\beta U}\\
=& -\beta\frac{N(N-1)}{Q}\int \mathrm{d}\boldsymbol{r}^{N-2}\,[\nabla_1 u(\boldsymbol{r}_1,\boldsymbol{r}_2)\\
&-(N-2)\nabla_1 u(\boldsymbol{r}_1,\boldsymbol{r}_3)]\,\mathrm{e}^{-\beta U}=-\beta[\nabla_1 u(\boldsymbol{r}_1,\boldsymbol{r}_2)]\rho^{(2)}(\boldsymbol{r}_1,\boldsymbol{r}_2)\\
&-\beta\int \mathrm{d}\boldsymbol{r}_3[\nabla_1 u(\boldsymbol{r}_1,\boldsymbol{r}_3)]\,\rho^{(3)}(\boldsymbol{r}_1,\boldsymbol{r}_2,\boldsymbol{r}_3).
\end{aligned}
$$

记 $\rho^{(k)}(\boldsymbol{r}_1,\cdots,\boldsymbol{r}_k)=\rho^k g_k(\boldsymbol{r}_1,\cdots,\boldsymbol{r}_k)$，一般地有

$$
\begin{aligned}
-T\nabla_1 g_k(\boldsymbol{r}_1,\cdots,\boldsymbol{r}_k)=&\sum_{j=2}^k[\nabla_1 u(\boldsymbol{r}_1,\boldsymbol{r}_j)]\,g_k(\boldsymbol{r}_1,\cdots,\boldsymbol{r}_k)+\rho\int \mathrm{d}\boldsymbol{r}_{k+1}\\
&\cdot[\nabla_1 u(\boldsymbol{r}_1,\boldsymbol{r}_{k+1})]\,g_{k+1}(\boldsymbol{r}_1,\cdots,\boldsymbol{r}_{k+1}).
\end{aligned}\tag{5-15}
$$

这是一个从 g_k 到 g_{k+1} 的积分–微分方程的无穷级联关系。

如果略去高阶关联，将某阶的 g_k 用低阶的关联函数表示，中断级联得到闭合关系，可以实现求解。最著名的基克伍德 (Kirkwood) 叠加近似

将三阶关联函数写作

$$g_3(\boldsymbol{r}_1, \boldsymbol{r}_2, \boldsymbol{r}_3) = g_2(\boldsymbol{r}_1, \boldsymbol{r}_2)g_2(\boldsymbol{r}_2, \boldsymbol{r}_3)g_2(\boldsymbol{r}_3, \boldsymbol{r}_1), \tag{5-16}$$

于是有 g_2 的闭合方程

$$-T\nabla g(\boldsymbol{r}) = g(\boldsymbol{r})\nabla u(\boldsymbol{r}) + \rho \int \mathrm{d}\boldsymbol{r}' \, g(\boldsymbol{r})g(\boldsymbol{r}')g(\boldsymbol{r} - \boldsymbol{r}')\nabla u(\boldsymbol{r} - \boldsymbol{r}'), \tag{5-17}$$

此即波恩–格林–伊冯 (Born-Green-Yvon, BGY) 方程, 可以数值求解。将 $g(r)$ 的密度展开代入 BGY 方程, 可以验证, 头两项系数是正确的位力系数, 而高阶系数则是近似的。

5.2.2 试探粒子和势分布定理

将第 0 个粒子从体系分出作为试探粒子, 其位置为 $\boldsymbol{r}$, 则势函数可写作

$$U_N\left(\boldsymbol{r}^N\right) = \sum_{i=0}^{N-1}\sum_{j<i} u\left(\boldsymbol{r}_{ij}\right) \equiv u_t(\boldsymbol{r}) + \sum_{i=1}^{N-1}\sum_{j(0<j<i)} u\left(\boldsymbol{r}_{ij}\right)$$
$$\equiv u_t(\boldsymbol{r}) + U_{N-1}\left(\boldsymbol{r}^N\right), \quad u_t(\boldsymbol{r}) \equiv \sum_{i>0} u\left(\boldsymbol{r}_i - \boldsymbol{r}\right).$$

此处以下标 t 记试探粒子。“冻结” 的试探粒子 (标号为 0) 贡献一个 “外场”, 将之置于原点, 则

$$\rho^{(s)}(\boldsymbol{r}_0, \boldsymbol{r}_1, \dots, \boldsymbol{r}_{s-1}) = \rho(\boldsymbol{0})\rho_t^{(s-1)}(\boldsymbol{r}_1, \dots, \boldsymbol{r}_{s-1}).$$

约化分布函数的 YBG 级联 (5-15), 例如

$$-T\nabla_1 g(\boldsymbol{r}_1) = g(\boldsymbol{r}_1)\nabla_1 u(\boldsymbol{r}_1) + \rho \int \mathrm{d}\boldsymbol{r}_2 \, g_3(\boldsymbol{0}, \boldsymbol{r}_1, \boldsymbol{r}_2)\nabla_1 u(\boldsymbol{r}_{12}),$$

在试探粒子体系中对应于

$$-T\nabla_1 \rho_t(\boldsymbol{r}_1) = \rho_t(\boldsymbol{r}_1)\nabla_1 u(\boldsymbol{r}_1) + \rho \int \mathrm{d}\boldsymbol{r}_2 \, \rho_t^{(2)}(\boldsymbol{r}_1, \boldsymbol{r}_2)\nabla_1 u(\boldsymbol{r}_{12}).$$

以上考虑单个试探粒子的情形, 同样可考虑多个试探粒子。设 n 个特定粒子由体系分出标为试探粒子, 简记其构形为 $\{n\}$。设作用势力程有限, 试探粒子除外的余下体系可记作 $\{M\}$, 其中只有一个子集 $\partial\{n\}$ 与 $\{n\}$ 有相互作用。因而, $\{N\} = \{n\} + \{M\}$, $U_N = U_n + U_M + U_{n,\partial n}$。以求和简记积分, 则试探粒子取构形 $\{n\}$ 的边际分布

$$q(\{n\}) \equiv \sum_M \frac{\mathrm{e}^{-\beta U_N}}{Q_N} = \frac{\mathrm{e}^{-\beta U_n}}{Q_N} \sum_M \mathrm{e}^{-\beta U_{n,\partial n}} \mathrm{e}^{-\beta U_M} = \mathrm{e}^{-\beta U_n} \frac{Q_{\backslash n}}{Q_N} \langle \mathrm{e}^{-\beta U_{n,\partial n}} \rangle_{\backslash n},$$

此处 $\backslash n = \{M\}$ 记 "空腔" 体系, 即掩去试探粒子后的余下体系, 平均是对空腔体系而言。另外, 除约化分布函数外, 还可考虑直接关联函数等其他函数。

由上式及 $\rho(\boldsymbol{r})$ 的定义式 (5-4), 可得

$$\rho(\boldsymbol{r}) = Nq(\{1\}) = \frac{N}{Q_N} \int \mathrm{d}\boldsymbol{r}^{N-1}\, \mathrm{e}^{-\beta u_t} \mathrm{e}^{-\beta U_{N-1}}$$
$$= \frac{q}{V} \frac{Z_{N-1}}{Z_N} \langle \mathrm{e}^{-\beta u_t(\boldsymbol{r})} \rangle_{N-1} = \frac{q}{V} \mathrm{e}^{\beta\mu} \langle \mathrm{e}^{-\beta u_t(\boldsymbol{r})} \rangle_{N-1},$$

此处 $q \equiv V\lambda_T^{-3}\tilde{q}$, $\tilde{q}$ 为只由内部自由度决定的单粒子配分函数, 且依据化学势 μ 是在固定的 V 和 T 下粒子数由 $N-1$ 增至 N 时的自由能变化, 取了 $\mathrm{e}^{\beta\mu} = Z_{N-1}/Z_N$。于是, 对于存在外场 $v(\boldsymbol{r})$ 的一般情形有如下的势分布定理 (potential distribution theorem):

$$\log[\rho(\boldsymbol{r})\lambda_T^3/\tilde{q}] = \beta\mu - \beta v(\boldsymbol{r}) + c(\boldsymbol{r}), \quad c(\boldsymbol{r}) \equiv \log\langle \mathrm{e}^{-\beta u_t(\boldsymbol{r})} \rangle_{N-1}. \quad (5\text{-}18)$$

此式给出将化学反应体系看作准独立体系时的化学势 μ 对相应理想体系值 μ_0 的修正, 即 $\beta(\mu-\mu_0) = \log[\rho(\boldsymbol{r})/\rho] + \beta v(\boldsymbol{r}) - c(\boldsymbol{r})$。相应地, 考虑已经置一个粒子于原点的 $(N-1)$ 个粒子体系, 将原点粒子的作用势看作外势, 则无外场时, $\beta(\mu-\mu_0) = \log[\rho(\boldsymbol{r})/\rho] - c(\boldsymbol{r}) = \log[\rho_t(\boldsymbol{r})/\rho] + \beta u(\boldsymbol{r}) - c_t(\boldsymbol{r})$,

于是，$\rho_t(\boldsymbol{r}) = \rho(\boldsymbol{r})\exp[-\beta u(\boldsymbol{r}) - c(\boldsymbol{r}) + c_t(\boldsymbol{r})]$。此处 $c(\boldsymbol{r})$ 和 $c_t(\boldsymbol{r})$ 称为直接关联函数，还将在后面讨论。以刚球为例，$c(\boldsymbol{r}) = c \equiv \log P_\sigma(0)$，此处 $P_\sigma(0)$ 是在未冻结体系的原点为心的 $(4/3)\pi\sigma^3$ 排拒体积中找到零个粒子即无粒子的概率，而 $c_t(\boldsymbol{r})$ 对应于离原点为 $\boldsymbol{r}$ 的等同排拒体积中无粒子的概率，但不问原点处排拒体积与 $\boldsymbol{r}$ 处排拒体积的重叠。

5.2.3 熵的计算和自由能的估计

力学量的平均如内能，只涉及二阶关联函数，但熵涉及各阶关联函数。一个常用的处理方法是耦合参数法，即以 $\lambda U_N\left(\boldsymbol{r}^N\right)$ 替代 $U_N\left(\boldsymbol{r}^N\right)$，$\lambda = 0$ 对应于理想体系，而 $\lambda = 1$ 对应于实际体系。于是，由 $S = (U - F)/T$ 可导得

$$
\begin{aligned}
S =& S_0 + \frac{\beta}{2}\int \mathrm{d}\boldsymbol{r}_1\mathrm{d}\boldsymbol{r}_2\, u(\boldsymbol{r}_1, \boldsymbol{r}_2)\rho^{(2)}(\boldsymbol{r}_1, \boldsymbol{r}_2) \\
& - \frac{\beta}{2}\int \mathrm{d}\boldsymbol{r}_1\mathrm{d}\boldsymbol{r}_2\, u(\boldsymbol{r}_1, \boldsymbol{r}_2)\int_0^1 \mathrm{d}\lambda\, \rho^{(2)}(\boldsymbol{r}_1, \boldsymbol{r}_2; \lambda).
\end{aligned}
$$

此处 $S_0 = \dfrac{3}{2}N - N\log(\rho\lambda_T^3)$，右边末项对应于自由能项即 $\mathrm{d}F/\mathrm{d}\lambda$ 的积分。关于熵的依各阶关联函数的展开，文献中有不少讨论，最低阶修正为 $\Delta S = S - S_0 \approx -\dfrac{1}{2}N\rho\int \mathrm{d}\boldsymbol{r}\,[g(\boldsymbol{r})\log g(\boldsymbol{r}) - g(\boldsymbol{r}) + 1]$。

自由能难以计算，主要因为熵并非简单的系综平均。上面讨论了熵的近似估计。这里讨论如何由模拟而数值估计自由能。以 x 简记构形，设 "反应坐标" 为 $\hat{\xi}(x)$ (聚类的类标也可看作某种反应坐标)，记体系哈密顿量包括如伞荫采样的外加势在内的位势为 $\hat{V}(x)$，设一次模拟采样所得的 $\hat{V}(x) = V$，且 $\hat{\xi}(x) = \xi$ 的计数为 $N_{V,\xi}$，$N = \sum_{V,\xi} N_{V,\xi}$，则态密度

$$
\Omega(V, \xi) \equiv \int \mathrm{d}x\, \delta[\xi - \hat{\xi}(x)]\delta[V - \hat{V}(x)],
$$

$$\frac{N_{V,\xi}}{N} = \Omega(V,\xi)e^{A_\beta - \beta V}, \quad e^{-A_\beta} \equiv \sum_{V,\xi} \Omega(V,\xi)e^{-\beta V}.$$

此处重要的是 $\Omega(V,\xi)$ 与 β 无关。迭代 $\Omega(V,\xi) \to A_\beta \to \Omega(V,\xi)$ 可定出 A_β，进而 $\Omega(V,\xi)$。对于不同温度 β_i 下的多次模拟，通过最小化 $\sum_{i,V,\xi}[N_{V,\xi}^{(i)} - N^{(i)}\Omega(V,\xi)e^{A_{\beta_i}-\beta_i V}]^2$，可以得到 $\Omega(V,\xi)$ 的最优估计，进而计算各种量。这里所谓的自由能估计，其实是态密度的估计，一旦态密度已知，可计算任意温度的量。(从分布距离的角度看，计及小样本的采样误差偏大，最小化目标函数应取 $\sum_{i,V,\xi}[N_{V,\xi}^{(i)} - N^{(i)}\Omega(V,\xi)e^{A_{\beta_i}-\beta_i V}]^2/N_{V,\xi}^{(i)}$，但从统计量的角度看自当别论。)

5.3　泛函导数和积分方程

泛函 $F[\psi(y)]$ 是一个函数到实数的映射，可以看作是多元函数的连续变元极限，$\psi(y)$ 充当变元，而 y 是变元指标。类似于多元函数的微分，将求和替代为积分，泛函变分为

$$dF(\{x_i\}) = \sum_i \frac{\partial F}{\partial x_i}dx_i \equiv \sum_i A(\{x_i\})dx_i, \quad \to$$

$$\delta F = \int_a^b dy\, A[y;\psi(y)]\delta\psi(y), \tag{5-19}$$

其中 $A[y;\psi(y)]$ 称为 $F[\psi(y)]$ 的泛函导数，记作

$$\frac{\delta F}{\delta\psi(y)} = A[y;\psi(y)].$$

泛函导数 $A[y;\psi(y)]$ 本身也是 $\psi(y)$ 的泛函，其泛函导数定义了 $F[\psi(y)]$ 的高阶导数，如

$$\frac{\delta^2 F}{\delta\psi(y)\delta\psi(y')} = \frac{\delta A[y;\psi(y)]}{\delta\psi(y')}.$$

这个二阶泛函导数类似于矩阵，有两个指标 y 和 y'，可记它的逆为 $\delta\psi(y')/\delta A[y;\psi(y)]$，满足

$$\int \mathrm{d}y'' \frac{\delta A[y;\psi(y)]}{\delta\psi(y'')} \frac{\delta\psi(y'')}{\delta A[y';\psi(y)]} = \delta(y - y'). \qquad (5\text{-}20)$$

另外，由式 (5-19) 有

$$\frac{\delta\psi(y')}{\delta\psi(y)} = \delta(y - y').$$

现在设体系处于外场中，作用势由 $U\left(\boldsymbol{r}^N\right)$ 变为 $U + \Psi$，此处 $\Psi\left(\boldsymbol{r}^N\right)$ $= \sum_i \psi(\boldsymbol{r}_i) \equiv \sum_i \psi_i$。配分函数 Z 为 ψ 的泛函，可计算变分

$$\begin{aligned}
\delta \log Z[\psi] &= -\frac{\beta}{Q} \int \mathrm{d}\boldsymbol{r}^N \left(\sum_i \delta\psi_i\right) \mathrm{e}^{-\beta(U+\Psi)} \\
&= -\frac{\beta N}{Q} \int \mathrm{d}\boldsymbol{r}_1\, \delta\psi(\boldsymbol{r}_1) \int \mathrm{d}\boldsymbol{r}^{N-1}\, \mathrm{e}^{-\beta(U+\Psi)} \\
&= -\beta \int \mathrm{d}\boldsymbol{r}_1\, \delta\psi(\boldsymbol{r}_1) \rho(\boldsymbol{r}_1;\psi).
\end{aligned}$$

因而，

$$\begin{aligned}
\rho(\boldsymbol{r};\psi) &= -T \frac{\delta \log Z[\psi]}{\delta\psi(\boldsymbol{r})} = -\frac{T}{Q} \frac{\delta Q[\psi]}{\delta\psi(\boldsymbol{r})}, \\
\rho(\boldsymbol{r}) &= -T \left.\frac{\delta \log Z[\psi]}{\delta\psi(\boldsymbol{r})}\right|_{\psi=0}. \qquad (5\text{-}21)
\end{aligned}$$

类似地，对 $\rho(\boldsymbol{r};\psi)$ 再次求变分，计及来自 Q 和 $\mathrm{e}^{-\beta(U+\Psi)}$ 的贡献，得

$$\begin{aligned}
\delta\rho(\boldsymbol{r}_1;\psi) &= \delta\left[\frac{N}{Q} \int \mathrm{d}\boldsymbol{r}^{N-1}\, \mathrm{e}^{-\beta(U+\Psi)}\right] \\
&= \beta \int \mathrm{d}\boldsymbol{r}_2\, \delta\psi(\boldsymbol{r}_2) \cdot \left\{\rho(\boldsymbol{r}_1;\psi) \frac{N}{Q} \int \mathrm{d}\boldsymbol{r}_1 \mathrm{d}\boldsymbol{r}^{N-2}\, \mathrm{e}^{-\beta(U+\Psi)}\right. \\
&\quad - \frac{N(N-1)}{Q} \int \mathrm{d}\boldsymbol{r}^{N-2} \mathrm{e}^{-\beta(U+\Psi)} \\
&\quad \left. - \frac{N}{Q} \int \mathrm{d}\boldsymbol{r}^{N-1}\, \mathrm{e}^{-\beta(U+\Psi)} \delta(\boldsymbol{r}_1 - \boldsymbol{r}_2)\right\}
\end{aligned}$$

$$=\beta \int \mathrm{d}\boldsymbol{r}_2\, \delta\psi(\boldsymbol{r}_2)\left[\rho(\boldsymbol{r}_1;\psi)\rho(\boldsymbol{r}_2;\psi)-\rho^{(2)}(\boldsymbol{r}_1,\boldsymbol{r}_2;\psi)\right.$$

$$\left.-\,\rho(\boldsymbol{r}_1;\psi)\delta(\boldsymbol{r}_1-\boldsymbol{r}_2)\right].$$

于是,

$$T^2\left.\frac{\delta^2\log Z[\psi]}{\delta\psi(\boldsymbol{r}_1)\delta\psi(\boldsymbol{r}_2)}\right|_{\psi=0}=-T\left.\frac{\delta\rho(\boldsymbol{r}_1)}{\delta\psi(\boldsymbol{r}_2)}\right|_{\psi=0}$$

$$=\rho^{(2)}(\boldsymbol{r}_1,\boldsymbol{r}_2)-\rho(\boldsymbol{r}_1)\rho(\boldsymbol{r}_2)+\rho(\boldsymbol{r}_1)\delta(\boldsymbol{r}_1-\boldsymbol{r}_2).$$

一般地, n 点约化分布函数可由自由能泛函的 n 阶导数导出。

借助泛函导数可简洁地导出许多重要关系。例如, 前面提到的所谓
直接关联函数 $C(\boldsymbol{r}_1,\boldsymbol{r}_2;\psi)$ 通过下式定义:

$$\frac{1}{T}\frac{\delta\psi(\boldsymbol{r}_2)}{\delta\rho(\boldsymbol{r}_1;\psi)}\equiv C(\boldsymbol{r}_2,\boldsymbol{r}_1;\psi)-\frac{\delta(\boldsymbol{r}_1-\boldsymbol{r}_2)}{\rho(\boldsymbol{r}_1;\psi)}, \tag{5-22}$$

取式 (5-20) 中的 $A[y;\psi]$ 为 $\rho(\boldsymbol{r}_1;\psi)$, 可得

$$\delta(\boldsymbol{r}_1-\boldsymbol{r}_2)=\int\mathrm{d}\boldsymbol{r}_3\left[\rho^{(2)}(\boldsymbol{r}_1,\boldsymbol{r}_3;\psi)-\rho(\boldsymbol{r}_1;\psi)\rho(\boldsymbol{r}_3;\psi)\right.$$

$$\left.+\rho(\boldsymbol{r}_1;\psi)\delta(\boldsymbol{r}_1-\boldsymbol{r}_3)\right]\cdot\left[\frac{\delta(\boldsymbol{r}_2-\boldsymbol{r}_3)}{\rho(\boldsymbol{r}_2;\psi)}-C(\boldsymbol{r}_3,\boldsymbol{r}_2;\psi)\right].$$

取 $\psi=0$, 引入 H 如下:

$$\rho(\boldsymbol{r}_1)\rho(\boldsymbol{r}_2)H(\boldsymbol{r}_1,\boldsymbol{r}_2)\equiv\rho^{(2)}(\boldsymbol{r}_1,\boldsymbol{r}_2)-\rho(\boldsymbol{r}_1)\rho(\boldsymbol{r}_2),$$

则前一式可整理写成

$$H(\boldsymbol{r}_1,\boldsymbol{r}_2)=C(\boldsymbol{r}_1,\boldsymbol{r}_2)+\int\mathrm{d}\boldsymbol{r}_3\,\rho(\boldsymbol{r}_3)H(\boldsymbol{r}_1,\boldsymbol{r}_3)C(\boldsymbol{r}_3,\boldsymbol{r}_2). \tag{5-23}$$

这就是奥恩斯坦–泽尼克 (Ornstein-Zernike, OZ) 方程。对于空间均匀的
体系, $H(\boldsymbol{r}_1,\boldsymbol{r}_2)\equiv h(\boldsymbol{r}_1-\boldsymbol{r}_2)$, $C(\boldsymbol{r}_1,\boldsymbol{r}_2)\equiv c(\boldsymbol{r}_1-\boldsymbol{r}_2)$。上式中的积分为
卷积, 经傅里叶变换

$$\hat{f}_{\boldsymbol{k}}=\int\mathrm{d}\boldsymbol{r}\,\mathrm{e}^{-\mathrm{i}\boldsymbol{k}\cdot\boldsymbol{r}}f(\boldsymbol{r}),$$

可化为乘积, OZ 方程 (5-23) 成为

$$\hat{h}_{\boldsymbol{k}} = \hat{c}_{\boldsymbol{k}} + \rho \hat{h}_{\boldsymbol{k}} \hat{c}_{\boldsymbol{k}}.$$

傅里叶分量 $\hat{f}_0$ 相当于 $f(\boldsymbol{r})$ 的空间积分。求和律式 (5-14) 可写成

$$\rho T K_T = 1 + \rho \hat{h}_0.$$

利用 OZ 方程, 及 $K_T = \rho^{-1}(\partial \rho / \partial p)_T$, 由上式可导得

$$\left(\frac{\partial p}{\partial \rho}\right)_T = 1 - \rho \hat{c}_0. \tag{5-24}$$

泛函导数方法是相当一般的工具。例如, 引入简化记号 $v(\boldsymbol{r}_j) \equiv v(j)$, $u(\boldsymbol{r}_i, \boldsymbol{r}_j) \equiv u(i,j)$, 记 $y(i) = z\lambda_T^{-3}\mathrm{e}^{-\beta\psi(i)} = \lambda_T^{-3}\mathrm{e}^{-\beta[\psi(i)-\mu]}$, 则可以验证,

$$
\begin{aligned}
\rho(1) &= y(1)\left.\frac{\delta \log \Xi}{\delta y(1)}\right|_{\psi=0} = \frac{y}{\Xi}\left.\frac{\delta \Xi}{\delta y(1)}\right|_{\psi=0}, \\
\rho^{(2)}(1,2) &= \frac{y^2}{\Xi}\left.\frac{\delta^2 \Xi}{\delta y(1)\delta y(2)}\right|_{\psi=0}.
\end{aligned}
\tag{5-25}
$$

另外, 引入 $\mathrm{e}^{-\beta u(i,j)} \equiv e(i,j)$, 还可以将正则配分函数看作 $e(i,j)$ 的泛函, 可写

$$\rho^{(2)}(1,2) = 2\frac{e(1,2)}{Q}\frac{\delta Q}{\delta e(1,2)}. \tag{5-26}$$

5.4 集团展开和图表示

本节内容涉及图论, 图论是离散数学的重要分支。本节不给出严格证明, 而尽可能直观描述推理过程。

再约定示例如下的一个简化记号

$$\int \mathrm{d}\boldsymbol{r}_2 \cdots \mathrm{d}\boldsymbol{r}_n F(\boldsymbol{r}_1, \cdots, \boldsymbol{r}_N) \equiv [2, \cdots, n]F(1, \cdots, N).$$

引入梅厄 (Mayer) 函数 $f(i,j) = e(i,j) - 1$，则巨配分函数可写作

$$\Xi = \sum_{N=0}^{\infty} \frac{1}{N!} \left\{ 1 + \sum_{i,j} f(i,j) + \sum_{i,j,k} [f(i,j)f(j,k) \right.$$
$$\left. + f(i,j)f(j,k)f(k,i)] + \cdots \right\} y(1) \cdots y(N) [1, \cdots, N]. \quad (5\text{-}27)$$

式中求和号下的求和应满足求和指标不等同的限制。以上求和展开的每一项是一个积分。以 $N = 3$ 为例，共八项，可用图形表示如下：

其中，每图的三顶点中左下、右下顶点的标号分别为 1 和 2，上顶点标号为 3，且

第 1 项是 $G_{3,1} = y(1)[1] \times y(2)[2] \times y(3)[3] = \{y(1)[1]\}^3$，

第 2 项是 $G_{3,2} = f(1,2)y(1)y(2)[1,2] \times y(3)[3]$，

第 6 项是 $G_{3,6} = f(1,2)f(1,3)y(1)y(2)y(3)[1,2,3]$，

第 8 项是 $G_{3,8} = f(1,2)f(2,3)f(1,3)y(1)y(2)y(3)[1,2,3]$。

由上例可以看出，积分可用由顶点和边组成的图表示，顶点有权 $y(i)$，而边有权 $f(i,j)$。一般的图可有多种的顶点和边，表现在它们取不同的顶点权和边权。上例各项中所有顶点均参与积分，这样的顶点称为场点，用黑点表示。一般的图也可含不参与积分的顶点，称为根点，用白点表示。例如，上图中的最右图表示积分 $f(1,2)f(1,3)y(1)y(2)y(3)[2,3] = y(1)\{f(1,2)[2]\}^2$，其顶点 1 不参与积分，所以是根点。图的一个重要属性是对称数。给定一个含 m 个黑点的图，改变这些黑点的标号（积分哑标）方式，图的拓扑即连接样式仍可不变，图的对称数就是这样的不同标号方式数。上例中 $G_{3,2}$、$G_{3,3}$ 和 $G_{3,4}$ 有不同的标号方式，但图的拓扑不变，积分值相等。图 $G_{3,5}$、$G_{3,6}$ 和 $G_{3,7}$ 同样有相等的积分值。图 $G_{3,1}$

和 $G_{3,8}$ 只有一种标号方式。对于特定的单个图，确定其对称数绝非易事，但如果处理图形的集合，则事情可能会变得相对简单。

巨配分函数展开式 (5-27) 的图表示中，所有图只含黑点。如上例所示，有些项可含多个的连通分量，相应的积分可作因子分解。巨配分函数包含所有可能图。如果记所有的连通图的集合为 $\mathcal{O}$，则

$$e^{\mathcal{O}} = 1 + \mathcal{O} + \frac{1}{2!}\mathcal{O}^2 + \frac{1}{3!}\mathcal{O}^3 + \cdots,$$

对应于巨配分函数的所有图，例如，上例的 $G_{3,1}$ 属于 $\mathcal{O}^3$，对称性带来因子 $1/3!$，而 $G_{3,2}$ 属于 $\mathcal{O}^2$。如果记 $\Xi = e^{\mathcal{O}}$，则 $\log \Xi = \mathcal{O}$。

由 $\rho(1) = y(1)\delta \log \Xi / \delta y(1)$ 知，$\rho(1)$ 对应于单根点所有连通图的集合 $\mathcal{R}$，泛函导数移除，即移除对 r_1 的积分，将与之对应的黑点转换为白点，本来这里白点的权为 1，但再乘以 $y(1)$ 后权恢复为 $y(1)$。因而，$\rho(1)$ 的图，可由 $\log \Xi$ 的（全黑点）图将其单个黑点换为白点生成。然而，原先的一个图可生成多个的单根点图，后者的对称数须重新计算。值得注意的是，对称数只对黑点标号即积分指标而言。

最简单的单根点图，只有单个根点本身。单根点图可进一步约化。如果一个单根点图的根点连同它的所有边移除后，将含有多个连通分量，则称之为多分枝的，否则为单分枝的。将根点权为 1 的单分枝图的总体集合记作 $\mathcal{B}$，则

$$\mathcal{B} = \log[\rho(1)/y(1)], \qquad \mathcal{R} = \rho(1) = y(1)e^{\mathcal{B}}. \tag{5-28}$$

此式表明，$\rho(1)$ 的图可由任意多个的根点权为 1 的单分枝图将它们的根点一起"贴"到单个的权为 $y(1)$ 的根点上而得到。单分枝的单根点图，还可进一步约化到如下的所谓不可约图：移除不可约图中任一个黑点及其所有边，只该得到单个连通分量，否则它就是可约的。任意的单根点单

分枝图，或者是不可约图，或者可通过在单根点不可约图的黑点上加贴单分枝图而得到。于是，将单根点不可约图的黑点的权由 $y(i)$ 改为 $\rho(i)$，则可得到所有的单根点图：

$$\log \rho(1) - \log y(1) = \rho \beta_1 + \rho^2 \beta_2 + \rho^3 \beta_3 + \cdots, \qquad (5\text{-}29)$$

此处 β_n 是黑、白点权均为 1 的 n 黑点的单根点不可约图之和。例如，

$$\beta_1 = f(1,2)\,[2],$$
$$\beta_2 = \frac{1}{2} f(1,2) f(2,3) f(3,1)\,[2,3],$$
$$\beta_3 = f(1,2) f(2,3) f(3,4) f(4,1)$$
$$\cdot \left[\frac{1}{2} + \frac{1}{2} f(1,3) + \frac{1}{2} f(2,4) + \frac{1}{3!} f(1,3) f(2,4) \right] [2,3,4].$$

式 (5-29) 的右边即 $\mathcal{B}$，对应于式 (5-18) 中的直接关联函数 $c(\boldsymbol{r})$。

理想体系的自由能应有如下形式：$F^0 = NT\phi(T) - T\log\left(V^N/N!\right) \approx NT[\phi(T) - 1 + \log\rho]$，此处 $\phi(T)$ 来自单粒子动能和可能的内部自由度的贡献，与体积无关，对于无结构粒子，$\phi(T) = 3\log\lambda_T$。假定自由能有如下的密度展开：

$$\beta F = \beta F^0 - N[\tilde{B}_2\,\rho + \tilde{B}_3\,\rho^2 + \cdots],$$

此处 $\tilde{B}_k$ 项是相互作用的自由能修正，如果作用势 $U = 0$，则对所有的 k，$\tilde{B}_k = 0$，得理想体系的自由能。利用

$$\log y + \phi(T) = \beta\mu = \beta\left(\frac{\partial F}{\partial N}\right)_{T,V} = \beta\mu^0 - 2\tilde{B}_2\,\rho - 3\tilde{B}_3\,\rho^2 + \cdots,$$

此处 $\mu^0 = \partial F^0/\partial N = T[\phi(T) + \log\rho]$，是理想体系的化学势。上式对应于式 (5-18)，结合式 (5-29)，可得

$$\beta_1\,\rho + \beta_2\,\rho^2 + \beta_3\,\rho^3 + \cdots = 2\tilde{B}_2\,\rho + 3\tilde{B}_3\,\rho^2 + \cdots, \qquad \tilde{B}_k = \beta_{k-1}/k.$$

因为对 β_{k-1} 的根点积分可得 k 点全黑的不可约图，并连带有对称数 k 和积分因子 V，所以，$V\tilde{B}_k$ 是 k 点全黑的不可约图之和。由 $p = -\partial F/\partial V$，可得压强的密度展开：

$$\beta p = \rho + B_2\,\rho^2 + B_3\,\rho^3 + \cdots, \qquad B_k = (k-1)\tilde{B}_k = \beta_{k-1}(k-1)/k. \quad (5\text{-}30)$$

这里的系数 B_k 称为第 k 阶位力系数。

由式 (5-26) 知，$\rho^{(2)}$ 对应于二根点图。如果移除二根点图的某个黑点，将得到至少一个全黑连通分量，则称该图为可约图。二根点图中不属于可约图者，称为不可约图。如果记 $g(1,2) = e(1,2)\mathcal{Y}$，则 $\mathcal{Y}$ 是根点权为 1 而黑点权为 ρ 的所有二根点不可约图之和。如果两个根点连同其所有边移除后，将含有多个连通分量，则称之为多路的，否则为单路的。单路二根点不可约图又可分为链图 $\mathcal{T}$ 和桥图 $\mathcal{X}$，前者含有节点，而后者不含。节点是单路二根点图的特殊黑点，如果将之连同其所有边移除后，将得到两个单根点连通分量。于是，$\log\mathcal{Y}$ 是所有单路二根点图的集合，可以写下严格方程：

$$\log\mathcal{Y} = \log g(1,2) + \beta u(1,2) = \mathcal{T} + \mathcal{X}.$$

可以再进一步形式地写下：

$$h(1,2) = f(1,2)\mathrm{e}^{\mathcal{T}+\mathcal{X}} + \mathrm{e}^{\mathcal{T}+\mathcal{X}} - 1. \quad (5\text{-}31)$$

因而，关联函数 $h(1,2)$ 的所有图可分为两类，一类为无节点图 $\mathcal{C}(1,2)$，此处特别标出根点 1 和 2，另一类为有节点图，后者可由 $h(1,3)$ 的图和 $\mathcal{C}(3,2)$ 拼合得到：将两图的根点 3 重叠，并对之积分（由白点变黑点）。用式子写下，不再区分 $\mathcal{C}(1,2)$ 和 $C(1,2)$，即可得到 OZ 方程 (5-23)：

$$h(1,2) = C(1,2) + \rho(3)h(1,3)C(3,2)[3].$$

其实，记 $h(1,2) = \mathcal{C} + \mathcal{T}$，由式 (5-31) 给出，

$$\mathcal{C} = f\mathrm{e}^{\mathcal{T}+\mathcal{X}} + \mathrm{e}^{\mathcal{T}+\mathcal{X}} - \mathcal{T} - 1. \tag{5-32}$$

可以看出，OZ 方程不过将 $h(1,2)$ 的图简单分为两类，并不给出任何实质性结果，即不能由之直接得到 $h(1,2)$ 或 $C(1,2)$，须获得二者之间的另外独立关系才可能求解。一个近似是令式 (5-31) 中 $\mathcal{X} = 0$，且 $\mathrm{e}^{\mathcal{T}} \approx 1 + \mathcal{T}$。于是，不区分 $\mathcal{T}$ 和 T，可得

$$h = f(1+T) + T, \qquad C = f(1+T).$$

此近似称为佩库斯–叶维克 (Percus-Yevick, PY) 近似。此方程和 OZ 方程的联立，可写成如下的迭代形式：

$$C_n = f(1+T_n), \quad h_n = C_n + T_n, \quad T_{n+1} = C_n * h_n,$$

此处 $*$ 记卷积并添加因子 ρ。由 $T_0 = 0$ 出发迭代出 $C_0 = h_0 = f$，再得 $T_1 = f * f$，等等。

另外一个近似即超网链 (Hypernetted Chain, HNC) 近似，只假设 $\mathcal{X} = 0$。此时，

$$g = C + T + 1 = (1+f)\mathrm{e}^{T} = \mathrm{e}^{-\beta u + T}, \quad T = \log g + \beta u,$$
$$\to \ C = g - 1 - T = g - 1 - \log g - \beta u,$$

将之代入 OZ 方程可得到关于 g 的闭合方程。

5.5　伊辛模型和温度展开

前面讨论的是连续体系，另一类有相互作用的典型体系是定义在格点上的，其中讨论最多的也许是伊辛 (Ising) 模型，它是个磁性材料的简单模型，由楞次 (Lenz) 提出交给其学生伊辛。设有 N 个磁性原子置于（规则或非规则的）格点上，外磁场中的伊辛体系哈密顿量为

$$\hat{H} = -J \sum_{\langle i,j \rangle} \sigma_i \sigma_j - h \sum_i \sigma_i, \tag{5-33}$$

此处 $\sigma \in \pm 1$ 为自旋，$\langle i,j \rangle$ 表示求和只对近邻的 i 和 j 进行，$J > 0$ 表示近邻的自旋倾向于同号，h 正比于外磁场，自旋倾向于与外场同向。(其实，$-h$ 类比于压强 p，$\sum_i \sigma_i$ 类比于体积，因而 $\hat{H}$ 是对应于吉布斯系综的等效哈密顿量，而哈密顿量为 $\hat{H} = -J \sum_{\langle i,j \rangle} \sigma_i \sigma_j$。)

5.5.1 一维伊辛模型

一维问题因存在左右排序而求解相对容易。一维伊辛模型即伊辛链是统计力学中相对简单的可解模型。长度为 N 的链的配分函数为：

$$Y_N = \sum_{\sigma} e^{-\beta E(\sigma)} = \sum_{\sigma} \exp\left(\beta J \sum_{\langle i,j \rangle} \sigma_i \sigma_j + h \sum_i \sigma_i \right)$$

此处 σ 记 2^N 种可能组态 $\{\sigma_i\}_{i=1}^N$ 之一。分出第 N 个自旋 σ_N，将 $\sigma_N = \pm 1$ 时 2^{N-1} 种可能组态对 Y_N 的贡献分别记作 $Y_N^{\pm}$，则

$$Y_{N+1}^+ = e^{\beta(J+h)}Y_N^+ + e^{-\beta(J-h)}Y_N^-, \quad Y_{N+1}^- = e^{-\beta(J+h)}Y_N^+ + e^{\beta(J-h)}Y_N^-.$$

不难看出，类似的递归关系在 J 和 h 非常数而依赖于格点位置时仍成立，并且，当一维链替代为树拓扑时也仍存在。此递归关系可写成紧凑的矢量形式：

$$\boldsymbol{Y}_{N+1} = \boldsymbol{T} \cdot \boldsymbol{Y}_N, \quad \boldsymbol{T} \equiv \begin{pmatrix} e^{\beta(J+h)} & e^{-\beta(J-h)} \\ e^{-\beta(J+h)} & e^{\beta(J-h)} \end{pmatrix}, \quad \boldsymbol{Y}_N \equiv \begin{pmatrix} Y_N^+ \\ Y_N^- \end{pmatrix}. \tag{5-34}$$

此处矩阵 $\boldsymbol{T}$ 称为转移矩阵。因而，配分函数

$$Y_{N+1} = \mathrm{Tr} \left[\boldsymbol{T} \begin{pmatrix} Y_N^+ & Y_N^+ \\ Y_N^- & Y_N^- \end{pmatrix} \right] \propto \mathrm{Tr} \left(\boldsymbol{T}^N \right).$$

转移矩阵 $\boldsymbol{T}$ 有本征值

$$\lambda_{\pm} = \mathrm{e}^{\beta J} \cosh \beta h \pm \sqrt{\mathrm{e}^{2\beta J} \sinh^2 \beta h + \mathrm{e}^{-2\beta J}},$$

且 $\lambda_+ > \lambda_-$，所以 $Y_N \sim \lambda_+^N$。当 $N \to \infty$ 时，得吉布斯自由能

$$G = -TN \log \lambda_+ = -NT \log \left[\mathrm{e}^{\beta J} \cosh \beta h + \sqrt{\mathrm{e}^{2\beta J} \sinh^2 \beta h + \mathrm{e}^{-2\beta J}} \right].$$

于是，磁化强度

$$m = \langle \sigma \rangle = -\frac{1}{N} \frac{\partial G}{\partial h} = \frac{\sinh \beta h}{\sqrt{\sinh^2 \beta h + \mathrm{e}^{-4\beta J}}},$$

可见，当 $h = 0$ 时，在任何非零温度下均无自发磁化。

　　二维伊辛模型是统计力学中少数可精确求解的模型之一，由昂萨格 (Onsager) 在 1944 年解出，对统计力学的发展有深远的影响。他因发现不可逆过程倒易关系获 1968 年度诺贝尔化学奖。

5.5.2　温度展开

　　一个连续变量 x 和布尔变量 σ 的函数 $F(x,\sigma)$，可表成 $F(x,\sigma) = F_1(x) + \sigma F_2(x)$，其中 $F_1(x) = \frac{1}{2} \sum_\sigma F(x,\sigma)$，$F_2(x) = \frac{1}{2} \sum_\sigma \sigma F(x,\sigma)$。于是，记 $v \equiv \tanh \beta J$，则

$$\exp(\beta J \sigma_i \sigma_j) = \cosh \beta J + \sigma_i \sigma_j \sinh \beta J \equiv (1 + v\sigma_i \sigma_j) \cosh \beta J.$$

高温时，v 为小量，可取作展开参数。例如，无外场配分函数 Z 可写成

$$Z = \left(\cosh^N \beta J \right) \sum_{\{\sigma_k\}} \prod_{\langle i,j \rangle} (1 + v\sigma_i \sigma_j)$$

$$= \left(\cosh^N \beta J\right) \sideset{}{'}\sum_{\{\sigma_k\}} \left(1 + v \sum_{\langle i,j \rangle} \sigma_i \sigma_j + v^2 \sum_{\langle i,j \rangle \ne \langle r,t \rangle} \sigma_i \sigma_j \sigma_r \sigma_t + \cdots \right).$$

此处的求和 $\sum'$ 中的撇号表示构象 $\{\sigma_k\}$ 不包括后面求和项中出现的指标。这里的 v 展开与梅厄的 f 展开相似，也有图表示。用连接最近邻 i 和 j 的一条线，表示求和中对应 $\sigma_i \sigma_j$ 的因子。由于求和对体系的 2^N 个组态进行，一个求和项只要出现奇次的 σ_i，则该项的贡献为零。非零项必须对应于闭圈图，也可以是彼此非连接的多个。以正方格子为例，最低阶非零项是 v^4 的正方形图。再如计算 $\langle \sigma_i \sigma_j \rangle$ 时，涉及 $\sigma_i \sigma_j \mathrm{e}^{-\beta E(\boldsymbol{\sigma})}$，端点为 i 和 j 的非闭圈连接图有贡献，这时出现正比于 v 或 v^3 的项。展开法的难点仍是估计图贡献有关的组合数。

伊辛模型 $T = 0$ 时体系处于基态，全体自旋完全一致排列。极低温度下，相对于基态只有少数自旋翻转的组态才对配分函数有可观的贡献。翻转单个自旋的能量代价为 $2qJ$，其中 q 是格子的配位数。因此，配分函数可以写成

$$Z = \mathrm{e}^{\beta qNJ} \left[1 + Nu^q + \frac{1}{2}N(N - q - 1)u^{2q} + \frac{1}{2}qNu^{2q-2} + \cdots \right],$$

其中 $u = \mathrm{e}^{-2\beta J}$ 为展开小参数，第二项为单个自旋翻转组态的贡献，第三、四两项为两个自旋翻转项，分别对应两个自旋不相邻和相邻的情况。

5.6 统计力学反问题

以伊辛模型为例，如何从观测的构象样本集反推模型的参数，这是统计力学的反问题。在统计力学的实际应用中，相当于哈密顿量的模型参数通常事先未知，需要根据观测样本推断。

观测到构象 $\boldsymbol{\sigma} = \{\sigma_1, \ldots, \sigma_N\}$ 的概率为

$$P\left(\sigma^N\right) = \frac{1}{Z} \exp\left(\beta \sum_i h_i \sigma_i + \beta \sum_{i<j} J_{ij}\sigma_i\sigma_j\right),$$

此处考虑与位点有关的一般耦合 J_{ij}。记磁化 $m_i = \langle \sigma_i \rangle$ 和关联 $c_{ij} = \langle \sigma_i \sigma_j \rangle - m_i m_j$，参数 $\theta \equiv \{h_i, J_{ij}\}$。如果所有的 $J_{ij} = 0$，则模型退化为各位点独立的，$F(\boldsymbol{h}) \equiv -T \log Z$，$Z = 2 \sum_i \cosh(\beta h_i)$。由 $m_i = T\partial(\log Z)/\partial h_i = \tanh(\beta h_i)$，反解得 $h_i = \frac{1}{2} T[\log(1+m_i) - \log(1-m_i)]$。于是，通过由样本估计 m_i 可进而求得 h_i。一般的 $J_{ij} \neq 0$ 模型，可通过用有效场即平均场 $\tilde{\boldsymbol{h}}$ 替代 $\boldsymbol{h}$，以独立位点模型近似，此时可得到由样本估计的 m_i 和 c_{ij} 到参数 $\theta \equiv \{h_i, J_{ij}\}$ 的近似表达式。关于平均场近似，将在下章讨论。

对于一般的模型，给定独立观测样本集 $\{\boldsymbol{\sigma}^{(k)}\}_{k=1}^K$ 的对数似然为

$$\ell(\{\boldsymbol{\sigma}^{(k)}\}_{k=1}^K | \theta) \propto \beta \sum_i h_i \hat{m}_i + \beta \sum_{i<j} J_{ij}\left(\hat{m}_i \hat{m}_j + \hat{c}_{ij}\right) - \log Z,$$

此处 $\hat{m}_i$ 和 $\hat{c}_{ij}$ 是由样本集估计的磁化和关联。由最大似然可得

$$\frac{\partial \log Z}{\partial h_i} = \beta \hat{m}_i, \quad \frac{\partial \log Z}{\partial J_{ij}} = \beta\left(\hat{m}_i \hat{m}_j + \hat{c}_{ij}\right).$$

配分函数 $Z(\boldsymbol{h}, \boldsymbol{J}) = Z(\theta)$ 通常无法由样本集估计，而且其参数空间很大。如果可近似求得 $Z(\theta)$，则由解上面方程可得到参数 θ。

完全的磁化和关联的知识，应足以确定模型或模型参数，但是，因为参数 θ 的推断涉及对任意的参数集计算配分函数 $Z(\theta)$，计算量一般很大。一种"训练"模型参数的 MC 算法是如下的迭代过程：首先初始化参数 θ^0 和模拟样本构象集 $\{\boldsymbol{\sigma}\}_0$，$t$ 步的构象，以 $\{\boldsymbol{\sigma}\}_{t-1}$ 的每个构象为初态，根据 $\hat{H}(\boldsymbol{\sigma}|\theta^{t-1})$ 更新生成新构象 $\{\boldsymbol{\sigma}\}_t$，根据 $\Delta\boldsymbol{J} = \alpha_t(\langle \boldsymbol{\sigma\sigma}^T \rangle_o - \langle \boldsymbol{\sigma\sigma}^T \rangle_t)$

更新参数：$\boldsymbol{J}^{t+1} = \boldsymbol{J}^t + \Delta\boldsymbol{J}$，此处 $\langle\cdot\rangle_o$ 是从观测到的构象样本集估计的平均，α_t 为训练的控制参数，α_t 在迭代中依次减小。参数 $\boldsymbol{h}$ 的训练也类似。

另一种算法基于条件似然 $P(\sigma_r|\boldsymbol{\sigma}_{\backslash r}, \theta)$，此处 $\boldsymbol{\sigma}_{\backslash r}$ 记掩去 σ_r 后的构象。引入 $R(x) \equiv \mathrm{e}^x / (\mathrm{e}^x + \mathrm{e}^{-x})$，则

$$P(\sigma_r|\boldsymbol{\sigma}_{\backslash r}, \theta) = R(x_r) \equiv L_r(\boldsymbol{\sigma}, \theta),$$

$$x_r \equiv -\beta\epsilon_r, \quad \epsilon_r \equiv -\sigma_r\left(h_r + \sum_{i\neq r} J_{ir}\sigma_i\right).$$

对所有的 r 同时最大化 $f_r(\theta') = K^{-1}\sum_{k=1}^{K}\log P(\sigma_r|\boldsymbol{\sigma}_{\backslash r}, \theta')$，可以求得 $\theta' \equiv (\boldsymbol{h}', \boldsymbol{J}')$，此处 k 为样本标。如果观测的样本集很大，样本平均可用系综平均取代：

$$f_r(\theta') \approx \sum_{\boldsymbol{\sigma}} P(\boldsymbol{\sigma}|\theta)\log L_r(\boldsymbol{\sigma}, \theta'),$$

最大化参数 J'_{sr} 的条件是下式为零：

$$\frac{\partial f_r(\theta')}{\partial J'_{sr}} = \sum_{\boldsymbol{\sigma}} P(\boldsymbol{\sigma}|\theta) \cdot 2\beta\sigma_s\sigma_r R(-x_r) \xrightarrow{\theta'=\theta}$$

$$\frac{\beta}{Z(\theta)} \sum_{\boldsymbol{\sigma}} \sigma_s\sigma_r \frac{\exp\left(\beta\sum_{i\neq r} h_i\sigma_i + \beta\sum_{i<j, i,j\neq r} J_{ij}\sigma_i\sigma_j\right)}{\cosh(x_r)},$$

此处右端分子指数函数的宗量为 $-\beta(\hat{H} - \epsilon_r) = -\beta\hat{H}_{\backslash r}$，即 $H_{\backslash r}$ 为移除 σ_r 后的哈密顿量。在 $\theta' = \theta$ 处，$\sigma_r = \pm 1$ 项的系数相等，对 σ_r 求和后，上式为零而自动满足最大化条件，显示该近似的合理性。最大化参数 h'_r 的条件也类似。以小集团替代单自旋 σ_r，考虑最大化小集团的条件似然，可以改善近似。

第 6 章 相 变

相变是指物质在外部参数如温度连续变化之下，从一种相转变成另一种相的现象。最常见的是冰变成水和水变成蒸汽。自然界还存在另一种较常见的相变是加热一块磁铁时其铁磁性消失的现象。相变可以作为相互作用体系与理想体系的本质性区别。短程吸引对能量有利，但形成短程序对于熵项不利，二者竞争的结果导致相变。

6.1 液 态

液态的一个中心问题是如何由微观相互作用理解宏观性质。也许作用势的细节对于理解宏观定性行为不很关键。作用势的显著特征是近程排斥和远程吸引，这里的近、远程，均相对于通常的微观力程而言。简单物质的相图如图 6.1 所示。气液共存线与液固共存线的交点是三相点，气液共存线的另一端点是临界点。液体在这两点的平衡态，定性上很不同：三相点行为由作用势的近程排斥主导，而临界点行为由远程吸引主导。

临界点的一个经典描述由如下的范德华 (Van der Waals) 方程给出：

$$p = NT/(V - Nb) - a(N/V)^2,$$

此处 a 和 b 是分子特征常数。范德华体系的等温线如图 6.2 所示。

在临界点处，等温线出现拐点，其斜率为零。图中虚线给出共存线，它是由等面积法则构造所得水平线的端点轨迹。以下标 c 记临界点处的

量，如临界压强 p_c，则范德华体系的临界等温线 $p - p_c \sim (V - V_c)^3$，但实际体系 $p - p_c \sim (V - V_c)|V - V_c|^{\delta-1}$，$\delta \sim 5$。临界点行为除可由"序参量"（这里的密度）刻画外，还可由响应函数及长程关联函数刻画。范德华方程的结果与实际有分歧。实际液体的临界行为可用格子气模型较好解释。

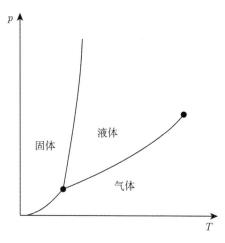

图 6.1 简单物质的相图

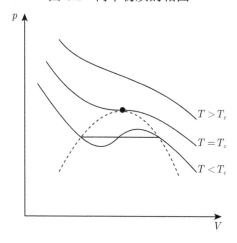

图 6.2 范德华体系的等温线

格子气模型是铁磁伊辛模型的一个变种，它将体积分割为小胞，每胞至多占有一个分子，只有紧近邻分子有吸引势 $-\epsilon$，反映了近程排斥和远程吸引的本质。如果 $\epsilon = 0$，则除每胞至多占有一个分子的限制外，各分子随机地独立占有各个胞，分子间的位置关联无法传播。近程排斥只提供一个距离尺度，关联传播必须依赖于吸引势部分。取 $\epsilon = 0$ 的格子气模型，因近程排斥的独立性而与实际液体不符；格子气描述临界行为的成功，表明吸引势的主导性。

固态有长程序，格子气模型给不出固态。格子气的排斥体积有简单可加性，与实际液体不符，与刚球液体也不符，后者存在液固相变。简单可加性给出的压强 $p_{\text{hs}} = NT/(V - Nb)$ 应作修正。在三相点附近，密度很高，吸引势相对于陡峭的排斥势而言很弱且几乎彼此相消，每个分子可看作处于均匀的负势背景中。此背景势应与密度成正比，对内能有贡献 $-aN^2/V$，相应有压强修正 $-a(N/V)^2$，得范德华方程。实际液体中吸引势的作用也大致如此。虽然范德华方程最初目的在于说明临界现象，但却更适于描述三相点附近。在三相点，气相以理想气体近似则有 $p/T = y$，此处 $y = \mathrm{e}^{\beta\mu}/\lambda_T^3$ 为活度，渐近地趋于 ρ。考虑到平衡条件，此关系式对于液相和固相也成立。关于液态，将在后面进一步讨论。

6.2   相变与各态历经破缺

上章叙述伊辛模型的低温展开时提到，伊辛模型在温度 $T = 0$ 时存在所有自旋平行排列的最低能量态。因为 $J > 0$，相邻自旋取向一致对能量有利，但这样的有序对熵不利。然而，在温度很低时，熵对自由能的贡献被压低，自旋取向有可能在宏观距离上倾向于一致，即出现自旋长程关联或长程序，于是，即使外场不存在时 $M \equiv \left\langle \sum_i \sigma_i \right\rangle$ 也不为零。这种现象称为自发磁化，可出现自发磁化的最高温度，是伊辛模型的临界温度。

6.2.1 伊辛模型中的各态历经破缺

无磁场的伊辛模型, 关于自旋的上下取向是对称的。看来, 精确计算 M 的结果只会为零, 因为对于每一个总自旋 $m = \sum_i \sigma_i$ 为正的组态, 必有另一个自旋反转的 m 为负的对称组态, 彼此相消。自发磁化的对称破缺如何发生呢? 一个机制是引入"辅助场", 由它得到对称破缺的初始分布, 之后即使辅助场趋于零, 对称破缺仍可留下。不过, 比较自然的一个机制是以下讨论的各态历经破缺。

限定对总自旋 $m = \sum_i \sigma_i$ 为给定值 μ 的所有组态求和, 定义如下的"亚组态和" $y(\mu)$ 和"亚自由能" $g(\mu)$:

$$y(\mu) = \sum_{m=\mu} \mathrm{e}^{\beta E(\{\sigma_i\})}, \quad g(\mu) \equiv -T \log y(\mu),$$

则配分函数显然为 $Y(T, h, N) = \sum_\mu y(\mu) = \sum_\mu \mathrm{e}^{-\beta g(\mu)}$, 而 $y(\mu)/Y$ 是观察到总自旋为 μ 的组态的概率。从上述关于自发磁化的讨论可以设想, 函数 $g(\mu)$ 作为一维有效势应该有如下的行为: 在高温下它为单阱的, 但是, 当温度低于临界温度时, 它为双阱势。外场可使势出现不对称, 特别地, 双阱势的两阱深度不等。重要的是, 一旦出现势垒, 其高度依磁畴表面积估计应 $\sim N^{(d-1)/d}$, 只要是按 N 的正幂次标度, 均将在热力学极限下趋于无限。除热力学极限外, 平衡态还涉及时间趋于无限的动力学极限。无限高势垒将使以下两个极限顺序不等价:

$$\lim_{t\to\infty} \lim_{V\to\infty}, \qquad \lim_{V\to\infty} \lim_{t\to\infty}.$$

在后一顺序下, 只要温度并非极低, 体系仍有机会访问势垒两侧, 而在前一顺序下则不然。对于实际体系, 时间和体积均有限, 到底取哪一种顺序, 应由体系的具体过程确定。简而言之, 相变伴随着各态历经破缺。

上章提到，M 相当于体积，而外场 h 相当于压强。根据吉布斯系综的公式，

$$\langle M \rangle = -\frac{\partial \log Y}{\beta \partial h} = \frac{\partial G}{\partial h}, \quad \langle (\delta M)^2 \rangle = \langle M^2 \rangle - \langle M \rangle^2 = \frac{\partial \langle M \rangle}{\beta \partial h} \equiv N\chi.$$

此处 χ 为磁化率，M 的涨落可表作自旋关联

$$\delta M = \sum_i [\sigma_i - \langle \sigma_i \rangle], \quad \langle (\delta M)^2 \rangle = N \sum_{i,j} [\langle \sigma_i \sigma_j \rangle - \langle \sigma_i \rangle \langle \sigma_j \rangle].$$

在临界温度处有效势 $g(\mu)$ 的势垒消失，相应地，χ 发散。微弱磁场足以破缺对称性并导致有限磁化。

6.2.2 气–液相变中的各态历经破缺

气相或液相的数值模拟中，初态一般取某种均匀态。如果体系的参数对应于气–液相变区，类似于伊辛模型的情形，一般得不到相共存。如果要得到相共存，如作界面行为的模拟时，必须选择很不同的初条件，例如让所有粒子处于容器一侧，然后令体系弛豫。气相和液相间最显著的差别是在于密度，尤其是远离临界点时。选择适当的截断半径，一个粒子归入气相或液相的判据可取作以该粒子的位置为中心的截断球内的粒子数。各态历经破缺表现为，上述两种相对极端的初始构型有极其不同的演化特征，标记作气相的粒子将长时间处于气相，液相粒子亦然。当模拟的体系的尺度不大时，各态历经破缺现象不会十分显著，气相或液相粒子的寿命均不长，彼此频繁转换。随着体系尺度的增大，气相或液相粒子的寿命将有显著增长。是否及如何出现突变，值得观察并深入探讨。

6.2.3 表里变换

本节讨论二维伊辛模型的相变出现温度即临界温度。给定一个二维

平面格子如正方格子，其最小多边形为四边或四顶点组成的四方形，以这样四方形的中心为顶点可以构造另一个二维格子，这新造的格子称为里格子，相应地，给定的原格子称为表格子。正方格子的里格子仍为正方格子，但六角格子的里格子为三角格子，而三角格子的里格子为六角格子。表、里格子的配分函数之间存在对偶关系。

记 $K \equiv \beta J$，由 $\tanh K \equiv \mathrm{e}^{-2K^*}$ 引入 K^*，则配分函数中因子

$$\mathrm{e}^{\beta J \sigma \sigma'} = \cosh K + \sigma \sigma' \sinh K = (2^{-1} \sinh 2K)^{1/2} \left(\mathrm{e}^{K^*} + \sigma \sigma' \mathrm{e}^{-K^*} \right). \quad (6\text{-}1)$$

记格子中的总边数或连线数为 B，则配分函数为

$$Z(K) = (2^{-1} \sinh 2K)^{B/2} \sum_{\sigma_1 = \pm 1} \cdots \sum_{\sigma_N = \pm 1} \prod_{r=1}^{B} \left(\mathrm{e}^{K^*} + \sigma_r \sigma_r' \mathrm{e}^{-K^*} \right), \quad (6\text{-}2)$$

此处 r 记连线的编号，以它替换原先的自旋顶点号。正如上章高温展开中提到的，在乘积展开的各项（并非构型！）的图表示中，只有对应于闭合图的项才对求和有贡献。相当于闭多边形的项，闭多边形的每边给出 e^{-K^*}，而格子的其余连线给出 e^{K^*}。假设该项所有闭多边形的总边数为 t，则该项为 $\mathrm{e}^{(B-t)K^*} \mathrm{e}^{-tK^*}$。现在换一种观点来看该项的图。这样的图可用黑、白二色不发生冲突地按多边形着色。（一旦指定好第一个闭多边形的"内部"并着以黑色，则其余部分的着色就定了。）闭多边形每边的两侧有不同颜色。约定黑、白色区的里格子的顶点分别有负、正自旋，引入相互作用参数为 K^* 的里格子模型。

表格子的配分函数式 (6-2) 可用里格子的配分函数 $Z^*(K^*)$ 表出如下。首先，里格子全部自旋反转对应同一表格子项，导致因子 $1/2$。其次，里格子的图对应于表格子式 (6-2) 中的乘积展开的一项，不依赖于求和，

导致因子 2^N。于是，

$$Z(K) = 2^{-1} \cdot 2^N \cdot (2^{-1}\sinh 2K)^{B/2} Z^*(K^*).$$

里格子的顶点数 N^* 是表格子的面数，运用欧拉示性数定理

$$N + N^* = B + 2 \approx B,$$

上式可写成对称的形式：

$$\frac{Z(K)}{(2\sinh 2K)^{N/2}} = \frac{Z^*(K^*)}{(2\sinh 2K^*)^{N^*/2}}, \tag{6-3}$$

此处推导中用到了 $\sinh(2K)\sinh(2K^*) = 1$。

　　正方格子互为表里，即是表里变换不变的，因而 $Z(K)$ 和 $Z(K^*)$ 应有相同的函数形式，分别对应于温度 $T = J/K$ 和 $T^* = J/K^*$。假定体系只有一个奇异点，则应有 $T_c = T^*$，亦即 $K_c = K_c^*$，得 $\sinh 2K_c = 1$，$K_c = 0.4407$。

6.3　平均场理论

　　处理相互作用体系的一个重要近似方法是自洽场方法，它不只是限于统计力学。说明此方法思想的最简单例子，是如下非线性振子的谐振子近似：

$$\mathcal{H} = p^2 + q^2 + q^4 \approx p^2 + (1 + \langle q^2 \rangle)q^2.$$

先将 $A = \langle q^2 \rangle$ 看作参数，用初条件解谐振子方程得 $q(t, A)$，再取周期平均计算 $\langle q^2(t, A) \rangle$，获得 A 的自洽方程，再解自洽方程得到最终解。此解有能力刻画非线性振子最本质的特征：振幅和频率的连锁。

伊辛模型的平均场理论将多体问题约化为少体问题, 当然不可能准确, 但往往可反映模型的本质。在临界温度附近, 涨落延伸至大距离, 这类方法失效, 但也并非无法补救。

6.3.1 单点平均场近似

伊辛模型的最简单平均场处理, 是将近邻自旋的作用看作一种有效场或"分子场":

$$\mathcal{H} = -J \sum_{\langle i,j \rangle} \sigma_i \sigma_j - h \sum_i \sigma_i \approx -J \sum_{\langle i,j \rangle} \sigma_i \langle \sigma_j \rangle - h \sum_i \sigma_i = -N \sigma_0 (h + qJ \langle \sigma_j \rangle).$$

记 $m \equiv \langle \sigma_j \rangle$, 此近似将多体问题化为单体问题, 单体配分函数为

$$g = 2 \cosh[\beta(h + qJm)].$$

于是, 由空间均匀性可得决定 m 的如下自洽方程:

$$\langle \sigma_0 \rangle = m = \tanh[\beta(h + qJm)]. \tag{6-4}$$

此方程在外场 $h = 0$ 时, 总存在 $m = 0$ 解, 存在 m 非零解的条件为 $\beta qJ > 1$, 得临界温度 $\beta_c J = 1/q$。虽然理论给出了相变, 但是, 由于忽略了重要的涨落, 理论给出了一维链也存在相变的错误结果。

6.3.2 变分法

上面将多体哈密顿量近似作含待定参数 m 的单体哈密顿量。变分原理提供了优化近似哈密顿量中参数的一般方法。

哈密顿量及其近似分别记为 $\mathcal{H}$ 和 $\mathcal{H}_0$, 且 $\Delta\mathcal{H} \equiv \mathcal{H} - \mathcal{H}_0$。它们分别有正则分布

$$P(i) = Z^{-1} \mathrm{e}^{-\beta E(i)}, \qquad Q(i) = Z_0^{-1} \mathrm{e}^{-\beta E_0(i)}, \tag{6-5}$$

此处 Z 和 Z_0 分别为未微扰的和微扰的配分函数，i 为构象组态的简略记号。由微扰分布和未微扰分布之间相对熵的非负性，有

$$\sum_i Q(i) \log \frac{Q(i)}{P(i)} = \langle \beta(E - E_0) \rangle_0 + \log Z - \log Z_0 \geqslant 0.$$

整理可得配分函数的不等式关系：

$$Z \geqslant Z_0 \exp\left(-\beta \langle \Delta E \rangle_0\right),$$

此处 $\langle \cdot \rangle_0$ 表示用对应于 Z_0 的分布求平均。以自由能写出，则有如下关系：

$$F \leqslant F_0 + \langle \Delta E \rangle_0. \tag{6-6}$$

此即吉布斯–波戈留波夫 (Bogoliubov) 不等式。对于 $\mathcal{H}_0$ 的参数求变分，可得最优的近似哈密顿量。

　　以上述的平均场近似为例，考察变分法。在近似模型 $\mathcal{H}_0$ 中，各格点彼此独立。考虑正方格子，令 $N_\pm$ 为自旋向上和向下的格点数，$N = N_+ + N_-$。约定所有边有向，且只取向右或向上。记 $\mu, \nu \in \pm$ 为格点的可能取向，则边的类型相应有 $N_{\mu\nu}$，$\sum_{\langle \mu\nu \rangle} N_{\mu\nu} = 2N$，此处 N 为总格点数，可写 $\mathcal{H}_0 = -(N_+ - N_-)v$，此处 v 为待定的有效场，以及

$$\mathcal{H} = -(N_{++} + N_{--} - N_{+-} - N_{-+})J - (N_+ - N_-)h. \tag{6-7}$$

值得注意，此式不含任何近似。在格点独立的近似下，$N_{\mu\nu} = 2N_\mu N_\nu / N$。为简单起见不妨令 $h = 0$，则 $\mathcal{H} \to -2(N_+ - N_-)^2 J/N$，

$$Z_0 = \sum_{N_+} G(N_+) e^{-\beta E_0(N_+)}, \quad G(N_+) = \frac{N!}{N_+! N_-!}, \quad \to$$

$$Z_0 = \sum_{N_+} \frac{N!}{N_+! N_-!} e^{\beta v N_+} e^{-\beta v N_-} = \left(e^{\beta v} + e^{-\beta v}\right)^N.$$

此处 Z_0 可解释作单格点配分函数的 N 次幂。于是，

$$F_0 = -NT\log[2\cosh(\beta v)], \quad \frac{\partial(-\beta F_0)}{(\beta \partial v)} = \langle \Delta N \rangle_0,$$

$$\frac{\partial^2(-\beta F_0)}{(\beta \partial v)^2} = \langle (\Delta N)^2 \rangle_0 - \langle \Delta N \rangle_0^2,$$

此处 $\Delta N \equiv N_+ - N_-$。进而得

$$\langle \Delta E \rangle_0 = \langle -2(N_+ - N_-)^2 J/N + (N_+ - N_-)v \rangle_0$$

$$= -[2/\cosh^2(\beta v) + 2N\tanh^2(\beta v)]J + Nv\tanh(\beta v).$$

变分条件最终为

$$\frac{\partial(F_0 + \langle \Delta E \rangle_0)}{\partial v} = N\beta[-4J(1-1/N)\tanh(\beta v) + v]/\cosh^2(\beta v) = 0,$$

于是，得自洽条件 $v = 4J(1-1/N)\tanh(\beta v) \approx 4J\tanh(\beta v)$，对照前面的自洽条件知 $v = 4Jm$。

问题 请推导外场 $h \neq 0$ 时的公式。

6.3.3 普莱夫卡展开

普莱夫卡 (Plefka) 引入虚拟场 $\boldsymbol{\eta}$ 及含标度参数 γ 的哈密顿量 $\hat{H}_\gamma = E_\gamma(\boldsymbol{\sigma}) = \gamma E - \sum_i \eta_i \sigma_i$, $E = -\sum_{\langle i,j \rangle} J_{ij}\sigma_i\sigma_j$, 相应地，有配分函数和概率

$$Z_\gamma = \sum_{\boldsymbol{\sigma}} \exp[-E_\gamma(\boldsymbol{\sigma})], \quad P_\gamma(\boldsymbol{\sigma}) = Z_\gamma^{-1}\exp[-E_\gamma(\boldsymbol{\sigma})]. \tag{6-8}$$

此处因不考虑温度变化，不特别写出温度 β。引入 $m_i = \partial \log Z_\gamma / \partial \eta_i = \langle \sigma_i \rangle_\gamma$, 定义函数

$$C_\gamma(\boldsymbol{\eta}) = -\log Z_\gamma + \sum_i \eta_i m_i \equiv G_\gamma(\boldsymbol{m}).$$

不同于 $C_\gamma(\boldsymbol{\eta})$, (勒让德变换自由能得到的) 函数 $G_\gamma(\boldsymbol{m})$ 以 $\boldsymbol{m}$ 为独立变量, 而以 $\boldsymbol{\eta}$ 为因变量。于是,

$$\frac{\partial G_\gamma}{\partial m_i} = \sum_j \frac{\partial C_\gamma}{\partial \eta_j}\frac{\partial \eta_j}{\partial m_i} = \sum_j \left(-\frac{\partial \log Z_\gamma}{\partial \eta_j} + m_j + \sum_k \eta_k \frac{\partial m_k}{\partial \eta_j} \right)\frac{\partial \eta_j}{\partial m_i} = \eta_i.$$

引入 $Z_\gamma^* \equiv Z_\gamma(\boldsymbol{\eta} = \boldsymbol{0})$, 令其对应于 $\mathcal{H}$, 而令 Z_γ 对应于 $\mathcal{H}_0$, 则根据不等式 (6-6), 有

$$\log Z_\gamma^* \geqslant \log Z_\gamma + \left\langle -\sum_i \eta_i \sigma_i \right\rangle = \log Z_\gamma - \sum_i \eta_i m_i = -C_\gamma(\boldsymbol{\eta}) = -G_\gamma(\boldsymbol{m}).$$

实际系统对应于 $Z_{\gamma=1}^* = Z_1^*$, 而 $\gamma = 0$ 对应于平均场模型。(此处的推导与第三章关于热力学第二定律的讨论相似, 但此处是比较两个正则分布。) 上式表明, 最小 $G_1(\boldsymbol{m})$ 提供了对实际系统的一个逼近。可以证明, 关联函数

$$C_{ij} \equiv \langle \sigma_i \sigma_j \rangle - \langle \sigma_i \rangle \langle \sigma_j \rangle = \partial^2 \log Z_\gamma/(\partial \eta_i \partial \eta_j) = \partial m_i/\partial \eta_j \geqslant 0,$$

而 $G_\gamma(\boldsymbol{m})$ 的黑塞矩阵 (Hessian)

$$H_{ij} \equiv \partial^2 G_\gamma/(\partial m_i \partial m_j) = \partial \eta_i/\partial m_j,$$

于是,

$$\boldsymbol{CH} = \boldsymbol{I}, \quad \rightarrow \quad \boldsymbol{H} = \boldsymbol{C}^{-1}.$$

由 $\boldsymbol{C}$ 的正定性可得 $\boldsymbol{H}$ 也为正定, 即 G 为 $\boldsymbol{m}$ 的凸函数。在 $\gamma = 0$ 附近展开 G_γ, 有

$$G_\gamma(\boldsymbol{m}) \approx G_0(\boldsymbol{m}) + \gamma(\partial G_\gamma/\partial \gamma)_{\gamma=0} + \cdots.$$

因为 G_0 对应于平均场模型, 最佳近似为

$$G_0(\boldsymbol{m}) = \sum_i \left(\frac{1+m_i}{2}\ln\frac{1+m_i}{2} + \frac{1-m_i}{2}\ln\frac{1-m_i}{2} \right).$$

由 $(\partial G_\gamma/\partial\gamma)_{\gamma=0} = \langle E\rangle_{\gamma=0} = -\sum_{\langle i,j\rangle} J_{ij}m_im_j$，得一阶修正，更高阶修正可类似地计算。哈密顿量 E_γ 的连续版本是 $E_\gamma[\psi(\boldsymbol{r})] = \gamma E - \int \mathrm{d}\boldsymbol{r}\,\psi(\boldsymbol{r})$ $\sum_i \delta(\boldsymbol{r} - \boldsymbol{r}_i)$，相应地有 $\rho(\boldsymbol{r}) = \delta \log Z_\gamma/\delta\psi(\boldsymbol{r})$，

$$C_\gamma[\psi(\boldsymbol{r})] = -\log Z_\gamma + \int \mathrm{d}\boldsymbol{r}\,\psi(\boldsymbol{r})\rho(\boldsymbol{r}) \equiv G_\gamma[\rho(\boldsymbol{r})].$$

问题 推导 $G_0(\boldsymbol{m})$ 的表达式。

6.3.4 超导平均场理论：费米液体的动量凝聚

一对电子通过媒质正离子实的介导可产生有效吸引或电声相互作用。一个解释超导相变的机制，是假定在理想费米液体之上允许处于费米面两侧窄区内的一对费米子有弱吸引相互作用。引入 $\epsilon_{\boldsymbol{k}} \equiv \hbar^2 k^2/2m$，略去其他可能的相互作用，则体系哈密顿量以粒子数算符写出为

$$\hat{H} = \sum_{\boldsymbol{k},\sigma} \epsilon_{\boldsymbol{k}} a^\dagger_{\boldsymbol{k},\sigma} a_{\boldsymbol{k},\sigma} + \sum_{\boldsymbol{k},\boldsymbol{l}} V_{\boldsymbol{k},\boldsymbol{l}} a^\dagger_{\boldsymbol{k},\uparrow} a^\dagger_{-\boldsymbol{k},\downarrow} \hat{a}_{-\boldsymbol{l},\downarrow} \hat{a}_{\boldsymbol{l},\uparrow},$$
$$V_{\boldsymbol{k},\boldsymbol{l}} = \langle \boldsymbol{k},\uparrow; -\boldsymbol{k},\downarrow |V|\boldsymbol{l},\uparrow; -\boldsymbol{l},\downarrow\rangle.$$

此处吸引势 V 的作用是湮灭一对动量为 $\boldsymbol{l}$ 和 $-\boldsymbol{l}$ 且自旋相反的粒子，生成一对动量为 $\boldsymbol{k}$ 和 $-\boldsymbol{k}$ 且自旋相反的粒子。记费米能为 μ，简化处理假定只有 $|\mu - \epsilon_{\boldsymbol{k}}| \leqslant \Delta\epsilon$，且 $|\mu - \epsilon_{\boldsymbol{l}}| \leqslant \Delta\epsilon$ 时，$V_{\boldsymbol{k},\boldsymbol{l}} = -V_0 < 0$，否则为零，此处 $\Delta\epsilon$ 是衡量能量宽度的小量。为简化计算，进一步作平均场近似，在大粒子数下略去 $a_{\boldsymbol{l},\uparrow}a_{-\boldsymbol{l},\downarrow}$ 等的涨落，引入

$$X^\dagger_{\boldsymbol{k}} = -\langle a^\dagger_{-\boldsymbol{k},\downarrow} a^\dagger_{\boldsymbol{k},\uparrow}\rangle = -\mathrm{Tr}\,\hat{\rho} a^\dagger_{-\boldsymbol{k},\downarrow} a^\dagger_{\boldsymbol{k},\uparrow}, \quad X_{\boldsymbol{l}} = -\langle a_{\boldsymbol{l},\uparrow} a_{-\boldsymbol{l},\downarrow}\rangle = -\mathrm{Tr}\,\hat{\rho} a_{\boldsymbol{l},\uparrow} a_{-\boldsymbol{l},\downarrow},$$

此处密度算符 $\hat{\rho} = \mathrm{e}^{-\beta(\hat{H}-\mu\hat{N})}/\mathrm{Tr}\,\mathrm{e}^{-\beta(\hat{H}-\mu\hat{N})}$，$\hat{N}$ 为粒子数算符，而 $X_{\boldsymbol{k}}$ 和 $X^\dagger_{\boldsymbol{k}}$ 最终必须自洽地定出。假定 $(a^\dagger_{-\boldsymbol{k},\downarrow} a^\dagger_{\boldsymbol{k},\uparrow} - X^\dagger_{\boldsymbol{k}})(a_{\boldsymbol{l},\uparrow} a_{-\boldsymbol{l},\downarrow} - X_{\boldsymbol{l}}) \approx 0$，则

$$\hat{H}' \equiv \hat{H} - \mu\hat{N} = \sum_{\boldsymbol{k},\sigma} (\epsilon_{\boldsymbol{k}} - \mu) a_{\boldsymbol{k},\sigma}^\dagger a_{\boldsymbol{k},\sigma}$$

$$+ \sum_{\boldsymbol{k},\boldsymbol{l}} V_{\boldsymbol{k},\boldsymbol{l}} \left(a_{\boldsymbol{k},\uparrow}^\dagger a_{-\boldsymbol{k},\downarrow}^\dagger X_{\boldsymbol{l}} + X_{\boldsymbol{k}}^\dagger a_{-\boldsymbol{l},\downarrow} \hat{a}_{\boldsymbol{l},\uparrow} - X_{\boldsymbol{k}}^\dagger X_{\boldsymbol{l}} \right), \qquad (6\text{-}9)$$

此近似哈密顿量不再保持粒子数守恒。"参数" $X_{\boldsymbol{k}}$ 可以看作是束缚粒子对的宏观量子态波函数，并可用作充当凝聚相的序参量。如果势 V 强过热扰动，束缚粒子对的宏观态形成，体系的能量降低。记 $E_{\boldsymbol{k}} = \sqrt{(\epsilon_{\boldsymbol{k}} - \mu)^2 + |\Delta_{\boldsymbol{k}}|^2}$，而 $\Delta_{\boldsymbol{k}} = \sum_{\boldsymbol{l}} V_{\boldsymbol{k},\boldsymbol{l}} X_{\boldsymbol{l}} = -\sum_{\boldsymbol{l}} V_{\boldsymbol{k},\boldsymbol{l}} \langle a_{\boldsymbol{l},\uparrow} a_{-\boldsymbol{l},\downarrow} \rangle$，称为能隙函数。借助波戈留波夫变换

$$b_{\boldsymbol{k},\uparrow}^\dagger = u_{\boldsymbol{k}}^* a_{\boldsymbol{k},\uparrow}^\dagger - v_{\boldsymbol{k}}^* a_{-\boldsymbol{k},\downarrow}, \quad b_{-\boldsymbol{k},\downarrow} = v_{\boldsymbol{k}} a_{\boldsymbol{k},\uparrow}^\dagger + u_{\boldsymbol{k}} a_{-\boldsymbol{k},\downarrow},$$

此处 $|u_{\boldsymbol{k}}|^2 = \frac{1}{2}[1 + (\epsilon_{\boldsymbol{k}} - \mu)/E_{\boldsymbol{k}}]$，$|v_{\boldsymbol{k}}|^2 = \frac{1}{2}[1 - (\epsilon_{\boldsymbol{k}} - \mu)/E_{\boldsymbol{k}}]$，哈密顿量式 (6-9) 可对角化得本征谱为 $\pm E_{\boldsymbol{k}}$，于是，该体系可按以 $b^\dagger$ 和 b 为粒子产生和湮灭算符的理想费米子体系处理。

6.4 贝 特 近 似

在上述的伊辛近似模型中，各格点彼此独立。每边含两个格点，可以设想各边彼此独立的近似模型将包括较多的关联。仍考虑正方格子，挑出一个格点（标号为 0）以及与之连结的标号 1 至 4 的四格点。类似于单点平均场近似，设想此五点集团的四个周边格点处于有效场 h' 中，则集团能量为 $E_c = -J\sigma_0 \sum_{j=1}^{4} \sigma_j - h\sigma_0 - h' \sum_{j=1}^{4} \sigma_j$。记 $S_\pm = 2\sinh[\beta(J \pm h')]$，$C_\pm = 2\cosh[\beta(J \pm h')]$，则集团配分函数

$$Z_c = \sum_{\{\sigma_j\}} e^{-\beta E_c(\{\sigma_j\})} = e^{\beta h} C_+^q + e^{-\beta h} C_-^q,$$

上式已写成一般配位数 q 的形式，正方格子取 $q = 4$。由之可计算中心

和周边格点的平均自旋，为简单，令 $h = 0$，于是，

$$\langle \sigma_0 \rangle = \partial \log Z_c / (\beta \partial h) = Z_c^{-1} \left(C_+^q - C_-^q \right),$$

$$\langle \sigma_1 \rangle = \frac{1}{4} \partial \log Z_c / (\beta \partial h') = Z_c^{-1} \left(C_+^{q-1} S_+ - C_-^{q-1} S_- \right).$$

不难看出，四个周边格点的平均自旋值相等。由平移对称性，应有 $\langle \sigma_0 \rangle = \langle \sigma_1 \rangle$，得

$$C_+^{q-1}(C_+ - S_+) = C_-^{q-1}(C_- - S_-), \quad \rightarrow \quad C_+^{q-1} / C_-^{q-1} = \mathrm{e}^{2\beta h'},$$

此即决定 h' 的方程，显然有解 $h' = 0$。利用 $C_{\pm}^q \approx \cosh(\beta J)[1 \pm q\beta h' \tanh(\beta J)]$，由之可推得 h' 存在非零解的条件：$\coth(\beta J) = q - 1$，对于正方格子，$T_c = 2J / \log 2 = 2.885J$，即 $K_c = \frac{1}{2} \log 2 = 0.3466$。对于一维格子，$q = 2$，得正确的结果 $T_c = 0$。此即贝特 (Bethe) 近似。

6.4.1 边独立模型

以上推导易产生错觉：贝特近似似乎对应于独立五点集团，其实只对应于独立二点集团。以下给出另一种推导，仍考虑正方格子。如果不导致混淆，格点或其自旋均用字母 a 表示。每个格点有连接上下左右近邻的四边，仍约定边有向并只取向上和向右，(ab) 为由 a 出发且指向 b 的边。先推导最简单的独立单点集团近似。记两种类型的点的数目为 N_a，$a \in \pm$，(ab)-型边的数目为 N_{ab}，$\epsilon_a \equiv -Jh_a$，$\epsilon_{ab} \equiv -J\sigma_a\sigma_b$。引入 $N_a/N = x_a$，组态数 $G(\{N_a\}) = N!/(N_+!N_-!)$，则 $N_{ab}/N = 2x_a x_b$，而

$$Z_0 = \sum_{\{N_a\}} G(\{N_a\}) \mathrm{e}^{-\beta E(\{N_a\})} = \sum_{\{N_a\}} \frac{N!}{N_+!N_-!} \mathrm{e}^{-\beta E(\{N_a\})}.$$

以下由 Z_0 的求和式中的最大项估计 Z_0，为此考虑

$$f \equiv \frac{1}{N} \log \left[G(\{N_a\}) \mathrm{e}^{-\beta E(\{N_a\})} \right]$$

$$= -\sum_a x_a \log x_a - \beta \sum_a x_a \epsilon_a - 2\beta \sum_{a,b} x_a x_b (\epsilon_{ab} + \epsilon_{ba}).$$

引入拉氏乘子 λ, 取 $f + \lambda \left(\sum_a x_a - 1 \right)$ 对 x_a 的变分求极值, 得

$$\log x_a = -\beta \left[\epsilon_a + 2 \sum_b x_b (\epsilon_{ab} + \epsilon_{ba}) \right] + \lambda - 1.$$

定义磁化强度 $m \equiv x_+ - x_-$, 考虑无外场情形, 令 $\epsilon_+ = \epsilon_- = 0$, $\epsilon_{++} = \epsilon_{--} = -J$, $\epsilon_{+-} = \epsilon_{-+} = J$, 可导出 $x_\pm \propto \mathrm{e}^{\pm 4\beta mJ}$, 利用 $x_+ + x_- = 1$, 得 $m = (x_+ - x_-)/(x_+ + x_-) = \tanh(4\beta Jm)$, 于是, 临界温度对应于 $K_c \equiv \beta_c J = 1/4$。

在边独立的近似模型中, $\mathcal{H}_0 = \sum_{(ab)} \epsilon_{ab} N_{ab}$, 此处将可能的单点能量项如 ϵ_a 并入 ϵ_{ab} 中。配分函数

$$Z_0^{(2)} = \sum_{\{N_{ab}\}} (2N)! \prod_{(ab)} \frac{g_{ab}^{N_{ab}} \mathrm{e}^{-\beta \epsilon_{ab} N_{ab}}}{N_{ab}!} = \left[\sum_{(ab)} g_{ab} \, \mathrm{e}^{-\beta \epsilon_{ab}} \right]^{2N} \equiv q^{2N},$$

此处 g_{ab} 为二点集团或边 (ab) 的权。当 $x_{ab} \equiv N_{ab}/2N \to x_a x_b$ 时, $Z_0^{(2)}$ 应退化为 Z_0。组合因子

$$(2N)! \bigg/ \left[\prod_{(ab)} N_{ab}! \right] \approx \left[\prod_{(ab)} x_{ab}^{N_{ab}} \right]^{-1} \to \left[\prod_a x_a^{N_a} \right]^{-4}$$

$$\approx \left[\prod_{(ab)} (x_a x_b)^{N_{ab}} \right]^{-3/4} N!/(N_+! N_-!),$$

表明应取 $g_{ab} = (x_a x_b)^{3/4}$。类似于独立单点模型的处理, 考虑 $f^{(2)} \equiv \frac{1}{2N} \log Z_0^{(2)}$, 则

$$f^{(2)} = \sum_{(ab)} \left[-x_{ab} \log x_{ab} + \frac{3}{4} x_{ab} \log(x_a x_b) - \beta x_{ab} \epsilon_{ab} \right]$$

$$= \frac{3}{2} \sum_a x_a \log x_a - \sum_{(ab)} [x_{ab} \log x_{ab} + \beta x_{ab}\epsilon_{ab}],$$

引入拉氏乘子 $\lambda_{\pm*}, \lambda_{*\pm}$ 和 γ，取 $f^{(2)} + \sum_a \left[\lambda_{a*}\left(\sum_b x_{ab} - x_a \right) + \lambda_{*a}\left(\sum_b x_{ba} - x_a \right) \right] + \gamma(x_+ + x_- - 1)$ 对 x_{ab} 和 x_a 的变分，得

$$\log x_{ab} = -\beta\epsilon_{ab} + \lambda_{a*} + \lambda_{*b}, \qquad \frac{3}{2}\log x_a - \lambda_{a*} - \lambda_{*a} + \gamma = 0.$$

仍然考虑 $h = 0$ 的无场简单情形，令 $\epsilon_{++} = \epsilon_{--} = -J$，$\epsilon_{+-} = \epsilon_{-+} = J$，$\lambda_{a*} = \lambda_{*a} \equiv \lambda_a$，则

$$x_\pm = \mathrm{e}^{(4\lambda_\pm - 2\gamma)/3}, \qquad x_{++} = \mathrm{e}^{\beta J + 2\lambda_+},$$

$$x_{--} = \mathrm{e}^{\beta J + 2\lambda_-}, \qquad x_{+-} = x_{-+} = \mathrm{e}^{-\beta J + \lambda_+ + \lambda_-}.$$

自发磁化解对应于 $m \equiv x_+ - x_- = x_{++} - x_{--} \neq 0$。令 $\lambda_\pm = \lambda \pm \delta$，则 $\delta = 0$ 时 $m = 0$，由 x_{ab} 和 x_a 的归一条件应有

$$2\mathrm{e}^{(4\lambda - 2\gamma)/3} = 1, \qquad 4\mathrm{e}^{2\lambda}\cosh(\beta J) = 1.$$

展开 x_{ab} 和 x_a 至 δ 的线性项，有 $x_\pm = \frac{1}{2}\left(1 \pm \frac{4}{3}\delta\right)$，$x_{++/--} = \frac{1}{4}(1 \pm 2\delta)\mathrm{e}^{\beta J}/\cosh(\beta J)$，得 m 存在非零解的条件：$\mathrm{e}^{\beta J}/\cosh(\beta J) = 4/3$，即前面已得到的结果 $\beta_c J = K_c = \frac{1}{2}\log 2$。应当注意，上述推导中不改变哈密顿量 $\mathcal{H}$，只是近似估计组态数。

6.4.2 由空腔体系看贝特近似

贝特近似有许多版本。一种版本与连续体系的试探粒子处理类似。此处处理格点耦合参数的一般情形，即 J_{ij} 仍限于紧近邻但不再为常数。考察单点 σ_m，将能量 E 分解为含 σ_m 之项及不含之项：

$$E \equiv E_{\backslash m} + E_m, \qquad E_m = \epsilon_m + \epsilon_{m,\partial_m},$$

$$\epsilon_m \equiv -h_m\sigma_m, \quad \epsilon_{m,\partial_m} \equiv \sum_{k\in\partial_m}\epsilon_{mk}, \quad \epsilon_{mk} = -\sigma_m J_{mk}\sigma_k,$$

此处 ∂_m 为格点 m 的边界点集, 以 "\$m$" 记移除格点 m 后的空腔体系, 引入与 σ_m 无关的 $Z_{\backslash m} \equiv \sum_{\backslash m}\mathrm{e}^{-\beta E_{\backslash m}}$, $\kappa_m = Z_{\backslash m}/Z$, 则边际分布

$$q(\sigma_m) = \frac{1}{Z}\sum_{\backslash m}\mathrm{e}^{-\beta(E_m + E_{\backslash m})} = \kappa_m\sum_{\partial_m}\mathrm{e}^{-\beta E_m}q_{\backslash m}(\partial_m),$$

$$q_{\backslash m}(\partial_m) \equiv \frac{1}{Z_{\backslash m}}\sum_{\backslash(m\&\partial_m)}\mathrm{e}^{-\beta E_{\backslash m}}.$$

此处混用格点集和格点集的状态的记号, 如 ∂_m 代表格点 m 的边界点集, 也代表这些格点的状态。现在对 $q_{\backslash m}(\partial_m)$ 作如下的因子化近似:

$$q_{\backslash m}(\partial_m) \approx \prod_{k\in\partial_m}q_{\backslash m}(\sigma_k), \quad\rightarrow\quad \mathrm{e}^{-\beta E_m}q_{\backslash m}(\partial_m) \approx \mathrm{e}^{-\beta\epsilon_m}\prod_{k\in\partial_m}\mathrm{e}^{-\beta\epsilon_{mk}}q_{\backslash m}(\sigma_k).$$

这里的 $q_{\backslash m}(\sigma_k)$ 为空腔体系约化分布, 其意义是点 m 的紧近邻点 k 取 σ_k 的某种权重, 因而由之可求 $\mathrm{e}^{\beta\sigma_m J_{mk}\sigma_k}$ 的某种平均, 或者说 $J_{mk}\sigma_k$ 的平均贡献即边贡献。于是,

$$\begin{aligned}
m_{k\to m}(\sigma_m) &\equiv \sum_{\sigma_k}\mathrm{e}^{-\beta\epsilon_{mk}}q_{\backslash m}(\sigma_k), \\
q(\sigma_m) &= \kappa_m\mathrm{e}^{-\beta\epsilon_m}\prod_{k\in\partial_m}m_{k\to m}(\sigma_m).
\end{aligned} \tag{6-10}$$

此处 $m_{k\to m}(\sigma_m)$ 可解释为在给定的 σ_m 下紧近邻点 k 对 m 的影响。

仅需以点对代换单点 m, 可将以上对 m 的处理拓展到多点如紧近邻点对 (i,j)。记 $E = E_{ij} + E_{\backslash ij}$, 引入 $Z_{\backslash ij} \equiv \sum_{\backslash ij}\mathrm{e}^{-\beta E_{\backslash ij}}$, $\kappa_{ij} \equiv Z_{\backslash ij}/Z$, 则有

$$q(\sigma_i\sigma_j) = \kappa_{ij}\sum_{\partial_{ij}}\mathrm{e}^{-\beta E_{ij}}q_{\backslash ij}(\partial_{ij}), \quad q_{\backslash ij}(\partial_{ij}) \equiv \frac{1}{Z_{\backslash ij}}\sum_{\backslash(ij\&\partial_{ij})}\mathrm{e}^{-\beta E_{\backslash ij}}.$$

类似地, 可作如下因子化近似 (见图 6.3):

$$\mathrm{e}^{-\beta E_{ij}} q_{\backslash j}(\partial_{ij}) \approx \mathrm{e}^{-\beta(\epsilon_i + \epsilon_j + \epsilon_{ij})} \prod_{k \in \partial_i \backslash j} \mathrm{e}^{-\beta \epsilon_{ik}} q_{\backslash ij}(\sigma_k) \prod_{l \in \partial_j \backslash i} \mathrm{e}^{-\beta \epsilon_{jl}} q_{\backslash ij}(\sigma_l).$$

对于 $k, j \in \partial_i$, $k \neq j$, 假定 $q_{\backslash ij}(\sigma_k) \approx q_{\backslash i}(\sigma_k)$, 则

$$q(\sigma_i \sigma_j) = \kappa_{ij} \mathrm{e}^{-\beta(\epsilon_{ij} + \epsilon_i + \epsilon_j)} \prod_{k \in \partial_{ij}} m_{k \to ij},$$

$$\prod_{k \in \partial_{ij}} m_{k \to ij} \equiv \prod_{k \in \partial_i \backslash j} m_{k \to i}(\sigma_i) \prod_{l \in \partial_j \backslash i} m_{l \to j}(\sigma_j). \tag{6-11}$$

依据式 (6-10) 和式 (6-11), 由 $q(\sigma_m)$ 和 $q(\sigma_i \sigma_j)$ 间的关系,

$$q(\sigma_i) = \sum_{\sigma_j} q(\sigma_i \sigma_j), \quad \to$$

$$m_{j \to i}(\sigma_i) = \kappa \sum_{\sigma_j} \mathrm{e}^{-\beta(\epsilon_j + \epsilon_{ij})} \prod_{l \in \partial_j \backslash i} m_{l \to j}(\sigma_j), \quad \kappa \equiv \kappa_{ij}/\kappa_i.$$

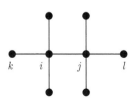

图 6.3 边 (ij) 及其周围格点

上式可供自洽求解 $m_{k \to m}(\sigma_m)$。据式 (6-10), 由 $q_{\backslash i}(\sigma_j)$ 可计算 $m_{k \to m}(\sigma_m)$, 得到可供自洽求解 $q_{\backslash i}$ 的如下关系式:

$$q_{\backslash i}(\sigma_j) = \kappa \mathrm{e}^{\beta h_j \sigma_j} \prod_{l \in \partial_j \backslash i} \sum_{\sigma_l} \mathrm{e}^{-\beta \epsilon_{lj}} q_{\backslash j}(\sigma_l). \tag{6-12}$$

进而可解得 $q(\sigma_m)$ 和 $q(\sigma_i \sigma_j)$。

考虑所有 $J_{ij} = J$ 的最简单均匀情形, $q_{\backslash i}(\sigma_j)$ 与 i 无关, 令 $q_{\backslash i}(+)/q_{\backslash i}(-) = \gamma$, 则无外场时 $q_{\backslash i}(\sigma_j)$ 的自洽方程化为 $\gamma = (\mathrm{e}^K \gamma + \mathrm{e}^{-K})^3/(\mathrm{e}^{-K} \gamma +$

$\mathrm{e}^K)^3$, 有平庸解 $\gamma = 1$, 对应于无自发磁化。设非平庸解 $\gamma = 1 + \delta$, 准至 δ 的线性项, $3\tanh K - 1 = 0$, 重现临界温度的结果。

6.4.3 从树格子看贝特近似

对于一个树格子, 选取任一格点为根, 则所有格点可按其沿树度量的与根点的距离排序, 每一条边的近根点端为父节点, 而远根点端为子节点。如果伊辛体系的规则格子替换为树格子, 则有严格的概率公式:

$$P(\{\sigma\}) = \prod_i [q(\sigma_i) \prod_{j \prec i} q(\sigma_j|\sigma_i)] = \prod_{i,j \in \partial i} q(\sigma_i, \sigma_j) / \prod_i q^{z_i-1}(\sigma_i),$$

此处 $j \prec i$ 表示 i 为 j 的父节点, z_i 为格点 i 的配位数。如果对规则格子仍用此式作为近似, 则有内能和熵

$$U = \sum_{\langle ij \rangle} \sum_{\sigma_i, \sigma_j} \epsilon_{ij} q(\sigma_i, \sigma_j) + \sum_i \sum_{\sigma_i} \epsilon_i q(\sigma_i)$$

$$= \sum_{\langle ij \rangle} \sum_{\sigma_i, \sigma_j} \tilde{\epsilon}_{ij} q(\sigma_i, \sigma_j) - (z_i - 1) \sum_i \sum_{\sigma_i} \epsilon_i q(\sigma_i),$$

$$S = -\sum_{\langle ij \rangle} \sum_{\sigma_i, \sigma_j} q(\sigma_i, \sigma_j) \log q(\sigma_i, \sigma_j) + \sum_i (z_i - 1) \sum_{\sigma_i} q(\sigma_i) \log q(\sigma_i),$$

此处 $\langle ij \rangle$ 表示 i 和 j 为紧近邻, $\tilde{\epsilon}_{ij} \equiv \epsilon_{ij} + \epsilon_i + \epsilon_j$。由之可计算自由能 $F = U - TS$。对于归一约束 $\sum_{\sigma_j} q(\sigma_i, \sigma_j) = q(\sigma_i)$ 和 $\sum_{\sigma_i, \sigma_j} q(\sigma_i, \sigma_j) = 1$, 分别引入拉氏乘子 $\lambda_{i*}(\sigma_i)$ 和 γ, 相对于 $q(\sigma_i, \sigma_j)$ 和 $q(\sigma_i)$, 最小化

$$\beta F - \sum_{\langle ij \rangle, \sigma_i} \lambda_{i*}(\sigma_i) \left[\sum_{\sigma_j} q(\sigma_i, \sigma_j) - q(\sigma_i) \right] - \sum_i \gamma_i \left[\sum_{\sigma_i} q(\sigma_i) - 1 \right],$$

可得

$$\log q(\sigma_i, \sigma_j) = -\beta \tilde{\epsilon}_{ij} + \lambda_{i*}(\sigma_i) + \lambda_{j*}(\sigma_j) - 1, \tag{6-13}$$

$$(z_i - 1)[\log q(\sigma_i) + 1] = -(z_i - 1)\beta \epsilon_i + \sum_{j \in \partial i} \lambda_{i*}(\sigma_i) - \gamma_i. \tag{6-14}$$

对照此处式 (6-13) 和式 (6-11)，可将 $\lambda_{i*}(\sigma_i)$ 与 $m_{k \to i}(\sigma_i)$ 相对应，写

$$\lambda_{i*}(\sigma_i) = \sum_{k \in \partial i \setminus j} \log m_{k \to i}(\sigma_i) + \delta_{ij}, \quad \delta_{ij} \equiv \frac{1}{2}(1 + \log \kappa_{ij}).$$

于是，式 (6-14) 中的求和项

$$\sum_{j \in \partial i} \lambda_{i*}(\sigma_i) = \sum_{j \in \partial i} \left[\sum_{k \in \partial i \setminus j} \log m_{k \to i}(\sigma_i) + \delta_{ij} \right]$$

$$= (z_i - 1) \sum_{j \in \partial i} \log m_{j \to i}(\sigma_i) + z_i \delta_{ij}.$$

因而，可通过调整常数 γ_i 使得式 (6-14) 等同于式 (6-10)，表明树近似与空腔近似一致。

值得指出，上述最小化自由能 $F = U - TS$ 求解自洽关系，未必保证 F 给出自由能上界。独立单点模型的 N 个自旋可以独立设置，而独立边模型中的 $2N$ 条边无法独立设置而不导致矛盾，其后果也难以估计。

6.4.4 贝特格子伊辛模型

前章讨论一维伊辛链时曾提到，对于树拓扑格子体系，有可能推导递归关系。最简单的树拓扑格子也许是凯莱 (Cayley) 树，它可生成如下：由中心点出发，加 q 个点并加边与中心点连接，称这 q 个点为第一层。取第 r 层的每一点，加 $(q-1)$ 条边连接新点，则新点构成第 $(r+1)$ 层，重复这样的步骤，就得到凯莱树。这里取定 $q = 3$。类似于平面格子的情形，也可定义凯莱树上的伊辛模型。然而，凯莱树的格点数 $\sim 3 \cdot 2^n$，此处 n 为树的生成步数，其中有一半是边界点，它们只含一条边。因而，在热力学极限下边界点的贡献不可略。如果不考虑边界效应，将体系限于远离边界的内部点，这时特别将凯莱树模型称为贝特格子模型。

不失一般性可只考察凯莱树三枝中的一枝。记第 n 级树的配分函数为 $\tilde{Y}_n$，将根格点自旋取 ± 1 时的可能组态对 $\tilde{Y}_n$ 的贡献分别记作 $\tilde{Y}_n^{\pm}$，则

$$\tilde{Y}_{n+1}^{+} = \mathrm{e}^{\beta h}\left[\mathrm{e}^{2\beta J}\left(\tilde{Y}_n^{+}\right)^2 + 2\tilde{Y}_n^{+}\tilde{Y}_n^{-} + \mathrm{e}^{-2\beta J}\left(\tilde{Y}_n^{-}\right)^2\right]$$

$$= \mathrm{e}^{\beta h}\left(\mathrm{e}^{\beta J}\tilde{Y}_n^{+} + \mathrm{e}^{-\beta J}\tilde{Y}_n^{-}\right)^2,$$

$$\tilde{Y}_{n+1}^{-} = \mathrm{e}^{-\beta h}\left(\mathrm{e}^{\beta J}\tilde{Y}_n^{-} + \mathrm{e}^{-\beta J}\tilde{Y}_n^{+}\right)^2.$$

此处从 $\tilde{Y}_n$ 到 $\tilde{Y}_{n+1}$ 的递归关系是平方关系，而非一维链时的线性关系。引入 $x_n \equiv \tilde{Y}_n^{+}/\tilde{Y}_n^{-}$，只关注 $h \approx 0$，则

$$x_{n+1} = \left(\frac{\mathrm{e}^{\beta J}x_n + \mathrm{e}^{-\beta J}}{\mathrm{e}^{-\beta J}x_n + \mathrm{e}^{\beta J}}\right)^2.$$

容易验证，$x = 1$ 为此迭代的一个不动点，即其迭代仍回到自身。为寻求 $x = 1$ 之外的不动点，移去因子 $(x-1)$，得

$$0 = \frac{1}{x-1}\left[\left(\frac{\mathrm{e}^{\beta J}x + \mathrm{e}^{-\beta J}}{\mathrm{e}^{-\beta J}x + \mathrm{e}^{\beta J}}\right)^2 - x\right] = \frac{\mathrm{e}^{2\beta J}x - 2x - \mathrm{e}^{-2\beta J}(x^2 + x + 1)}{(\mathrm{e}^{-\beta J}x + \mathrm{e}^{\beta J})^2}.$$

整理后可得新解存在的条件：$\mathrm{e}^{2\beta J} - 3\mathrm{e}^{-2\beta J} - 2 \geqslant 0$，即 $\mathrm{e}^{2\beta J} \geqslant 3$。实际上，$\langle \sigma_n \rangle = (\tilde{Y}_n^{+} - \tilde{Y}_n^{-})/(\tilde{Y}_n^{+} + \tilde{Y}_n^{-})$，因而，临界温度 $\beta_c = \log 3/(2J)$，或 $K_c = \frac{1}{2}\log 3$。

6.5　正方格子伊辛模型的平均场链近似和树近似

一维伊辛模型的哈密顿量为

$$\mathcal{H} = -\sum_i (\sigma_i J \sigma_{i+1} + h\sigma_i) = -\sum_i [\sigma_i J \sigma_{i+1} + \frac{1}{2}h(\sigma_i + \sigma_{i+1})],$$

此处后一式将场项写成较为对称的形式。记 $Y_n^\pm$ 为长 n 的链在 $\sigma_n = \pm 1$ 时的配分函数，则

$$\begin{pmatrix} Y_{n+1}^+ \\ Y_{n+1}^- \end{pmatrix} = \begin{pmatrix} e^{\beta(J+h)} & e^{-\beta J} \\ e^{-\beta J} & e^{\beta(J-h)} \end{pmatrix} \begin{pmatrix} Y_n^+ \\ Y_n^- \end{pmatrix} \equiv \boldsymbol{T} \begin{pmatrix} Y_n^+ \\ Y_n^- \end{pmatrix},$$

$$\tilde{\boldsymbol{T}} = \begin{pmatrix} e^{\beta(J+h)} & e^{-\beta(J+h)} \\ e^{-\beta(J-h)} & e^{\beta(J-h)} \end{pmatrix},$$

此处 $\boldsymbol{T}$ 和 $\tilde{\boldsymbol{T}}$ 称为转移矩阵，分别对应于对称化和非对称化的场项，均可用泡利矩阵 γ_x, γ_y 和 γ_z 表示，如 $\boldsymbol{T} = e^{\beta J} \cosh(\beta h)\, I + e^{\beta J} \sinh(\beta h)\, \gamma_z + e^{-\beta J} \gamma_x$，彼此仅差一相似变换，可替代使用而不导致本质差异。从上述递归关系不难看出，一维链相当于分支数 $q = 2$ 的贝特格子。转移矩阵的元分别对应于边 $\sigma_i \sigma_{i+1}$ 的四个组态 $(++, +-, -+, --)$。由递归关系可得，$\sigma_i \sigma_{i+k}$ 的四个组态的概率与 $\boldsymbol{T}^k$ 的矩阵元相联系。两种转移矩阵有同样的本征值 $\lambda_\pm = e^{\beta J} \cosh(\beta h) \pm \left[e^{2\beta J} \sinh^2(\beta h) + e^{-2\beta J} \right]^{\frac{1}{2}}$，但相应的本征矢 $|\pm\rangle$ 不同。矩阵及其幂可用本征矢表示，如 $\boldsymbol{T}$ 的 k 次幂：$\boldsymbol{T}^k = \lambda_+^k |+\rangle\langle+| + \lambda_-^k |-\rangle\langle-|$。于是，(在周期边界条件下，)

$$\langle \sigma_1 \sigma_{n+1} \rangle = \frac{\mathrm{Tr}\,(\gamma_z T_{12} \cdots T_{n,n+1} \gamma_z T_{n+1,n+2} \cdots T_{N,1})}{\mathrm{Tr}\, T^N}$$

$$= \frac{\sum\limits_{a,b \in \pm} \gamma^{ab} \lambda_b^n \gamma^{ba} \lambda_a^{N-n}}{\lambda_+^N + \lambda_-^N},$$

此处 $\gamma^{++} \equiv \langle+|\gamma_z|+\rangle$，余类推。记 $\tilde{h} = \beta h$，准至 h 的最低阶，本征值 $\lambda_\pm = (e^{\beta J} \pm e^{-\beta J}) \left(1 \pm \frac{1}{2} e^{2\beta J} \tilde{h}^2 \right)$，$\boldsymbol{T}$ 的本征矢 $\langle\pm| = D_\pm \left(1, \pm(1 \mp e^{2\beta J}\tilde{h}) \right)$，此处 $D_\pm \equiv \left(1 \pm \frac{1}{2} e^{2\beta J} \tilde{h} \right) / \sqrt{2}$，则 $Z \approx \lambda_+^N$, $\langle \sigma_1 \rangle = \gamma^{++}$，且

$$\gamma^{++} = 2D_+^2 e^{2\beta J} \tilde{h} = e^{2\beta J} \tilde{h}, \quad \gamma^{--} = -e^{2\beta J} \tilde{h},$$

$$\gamma^{+-} = \gamma^{-+} = 2D_+D_-(2 - \mathrm{e}^{4\beta J}\tilde{h}^2) = 1 - \frac{3}{4}\mathrm{e}^{4\beta J}\tilde{h}^2, \tag{6-15}$$

$$\begin{aligned} \langle \sigma_1 \sigma_{n+1} \rangle &\approx (\gamma^{++})^2 + \gamma^{+-}\gamma^{-+}\lambda_-^n/\lambda_+^n = \mathrm{e}^{4\beta J}\tilde{h}^2 \\ &+ \left(1 - \frac{3}{2}\mathrm{e}^{4\beta J}\tilde{h}^2\right)\left[(1 - \mathrm{e}^{2\beta J}\tilde{h}^2)\tanh(\beta J)\right]^n. \end{aligned} \tag{6-16}$$

(仔细考虑, 则上式中的幂次 n 应代之以 $\min\{n, N-n\}$, 但此处略去此类细节。)

　　现在将尺寸为 $N = L \times L$ 的正方格子伊辛模型看成是置于平均场 v 中的一维链, 此一维链由格点 $(1,1)$ 出发向右走到 $(1, L)$, 再向上走一步到 $(L, 2)$, 然后向左到 $(1, 2)$, 如此沿水平线左右来回自下而上穿过所有格点, 共 $N-1$ 条边 (见图 6.4(a))。为简单起见, 设 N 为偶, 且仍考虑 $h = 0$ 的无外场情形。沿该链记格点顺序为 i, 则近似哈密顿量为 $\mathcal{H}_0 = \sum_{i=1}^{N-1} \epsilon_{i,i+1} + \sum_{i=1}^{N} \epsilon_i$, 此处 $\epsilon_{i,i+1} = -J\sigma_i\sigma_{i+1}$, $\epsilon_i = -v\sigma_i$, 此处 v 为有效场。于是,

$$\begin{aligned} \Delta\mathcal{H} = \mathcal{H} - \mathcal{H}_0 &= \epsilon_{1,2L} + \epsilon_{2,2L-1} + \cdots + \epsilon_{L-1,L+2} + \epsilon_{L+2,3L-1} \\ &+ \epsilon_{L+3,3L-2} + \cdots + \epsilon_{N-1,2} - \sum_{i=1}^{N} \epsilon_i, \end{aligned}$$

$$\langle\Delta\mathcal{H}\rangle_0 \approx L\sum_{j=1}^{L-1}\langle\epsilon_{1,2(j+1)}\rangle_0 - N\langle\epsilon_1\rangle_0 = -LJ\sum_{j=1}\langle\sigma_1\sigma_{2(j+1)}\rangle_0 + N\langle\sigma_1\rangle_0 v.$$

此处 $\Delta\mathcal{H}$ 含两部分, 不在链中的 $N+1$ 条边即 "弃边" 的贡献及平均场 v 的贡献。以有效场 v 取代以上关于一维伊辛链公式中的 h, 即可得到平均场下的公式。利用自由能 $F_0 = -NT\log\lambda_+$, 取 $F_0 + \langle\Delta\mathcal{H}\rangle_0$ 对 v 的变分, 可得决定自洽场 v 的方程。弃边贡献中来自 $\langle\sigma_1\sigma_{n+1}\rangle$ 的依赖于 n 的求和部分, 正比于 $L \sim \sqrt{N}$, 当 N 很大时可略, 仅余式 (6-16) 中的

γ^{++} 项贡献，即 $N\mathrm{e}^{4\beta J}\tilde{v}^2$，此处 $\tilde{v} \equiv \beta v$。变分结果为

$$-\mathrm{e}^{2\beta J}\tilde{v}/\left(1 - \frac{1}{2}\mathrm{e}^{2\beta J}\tilde{v}^2\right) - 2\beta J\mathrm{e}^{4\beta J}\tilde{v} + 2\mathrm{e}^{2\beta J}\tilde{v} = 0, \quad \rightarrow 2\beta J\mathrm{e}^{2\beta J} = 1,$$

得临界温度 $K_c = 0.284$，比单点平均场的结果 $K_c = 0.250$ 略有改善。

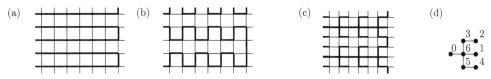

图 6.4　正方格子伊辛模型的近似平均场链 (a) 和 (b)，及平均场树 (c) 和树单元 (d)

考虑如图 6.4(b) 的一维链，则有 $N/2$ 条弃边在链上的距离为 3。计及这些弃边的距离有关的贡献后，自洽条件变为

$$-\mathrm{e}^{2\beta J} - 2\beta J\mathrm{e}^{4\beta J} + \frac{1}{2}\beta J(3\mathrm{e}^{4\beta J} + 6\mathrm{e}^{2\beta J})\tanh^3(\beta J) + 2\mathrm{e}^{2\beta J} = 0,$$

给出临界温度 $K_c = 0.290$。

如果考虑如图 6.4(c) 的树，则其基本单元如图 6.4(d) 所示，该树含有可水平延伸的主链，及沿主链每隔一点向上下伸出的二点侧链。弃边分三类：单元内弃边即边 12 和 14，邻近单元间弃边如 23'，此处 3' 属于右侧邻近单元，以及上下单元间的弃边如 24''，此处 4'' 位于上方单元，2 和 4'' 沿树的距离可以很大。将主链的场项写成对称的形式，则基本单元对应的转移矩阵为

$$\boldsymbol{T}_7 = \begin{bmatrix} \mathrm{e}^{\beta(J+h)} & \mathrm{e}^{-\beta J} \\ \mathrm{e}^{-\beta J} & \mathrm{e}^{\beta(J-h)} \end{bmatrix} \begin{bmatrix} A_+^2 & 0 \\ 0 & A_-^2 \end{bmatrix} \begin{bmatrix} \mathrm{e}^{\beta(J+h)} & \mathrm{e}^{-\beta J} \\ \mathrm{e}^{-\beta J} & \mathrm{e}^{\beta(J-h)} \end{bmatrix},$$

$$A_{\pm} = \mathrm{e}^{2\beta(J\pm h)} + \mathrm{e}^{-2\beta J} + 1 + \mathrm{e}^{\mp 2\beta h}.$$

此处 $A_{\pm}$ 实际上是主链分支点 6 自旋为 ± 1 的条件下侧链 32 或 54 的配分函数。设 $\boldsymbol{T}$ 的对角化相似变换阵为 S，即 STS^{-1} 为对角阵，则

ST_7S^{-1} 也为对角阵，可知 T_7 的本征值为 $\Lambda_\pm = (\lambda_\pm A_\pm)^2$，因而，自由能 $F = -(N/6)\log\Lambda_+ = -\dfrac{1}{3}NT\log(\lambda_+A_+)$。引入如下定义的矩阵 R_{12}：

$$\begin{bmatrix} A_+(\mathrm{e}^{2\beta(J+h)}+\mathrm{e}^{-2\beta J}-1-\mathrm{e}^{-2\beta h}) & 0 \\ 0 & A_-(\mathrm{e}^{2\beta h}+1-\mathrm{e}^{-2\beta J}-\mathrm{e}^{2\beta(J-h)}) \end{bmatrix},$$

则可证 $\langle\sigma_1\sigma_2\rangle$ 与 $T R_{12}T\gamma_z$ 相联系：

$$\langle\sigma_1\sigma_2\rangle_0 = \mathrm{Tr}\,\{T R_{12}T\gamma_z T_7^M\}/\mathrm{Tr}\,\{T_7^{M+1}\} \approx R_{12}^+\gamma^{++}/A_+^2.$$

此处 $M \sim N$，具体值不很重要，R_{12}^+ 为矩阵 R_{12} 的上对角元。期望 $\langle\sigma_2\sigma_{3'}\rangle$ 也可类似地计算，但它涉及二邻近单元。期望 $\langle\sigma_2\sigma_{4''}\rangle$ 也同样可以计算。总之，正方格子伊辛模型的平均场树近似是可处理的，但不在此处继续讨论。顺便指出，对于网络伊辛模型，可以构建最大支撑树作类似的平均场近似。

6.6　范德华方程

前面关于平均场理论的讨论局限于格点模型。本节将考虑具有相互作用的连续体系。假设粒子间的相互作用为两体可加有心势，两体势本身含刚芯和远程吸引。受粒子间相互作用的影响，理想气体定律必须修正。范德华提出一个富有物理意义的修正方案：刚芯使得粒子相互之间不能靠得太近，体系体积由 V 减小为 $V - Nb$；远程吸引使压强由 p 减小了 $a\rho^2$。最终状态方程由 $p = NT/V$ 变为 $p = NT/(V - Nb) - a\rho^2$，或者

$$(p + a\rho^2)(V - Nb) = NT, \tag{6-17}$$

此处 $\rho = 1/v \equiv N/V$ 为粒子数密度，a, b 为参数。6.1 节中简要地定性讨论了范德华方程。此方程可粗略地描述气液凝聚。低温的等温线有一

个最大和一个最小。温度上升至一个特定值，等温线的最大和最小重合为一点，此点满足拐点条件：

$$\left(\frac{\partial p}{\partial V}\right)_T = 0, \quad \left(\frac{\partial^2 p}{\partial V^2}\right)_T = 0.$$

第一个方程表明压缩率无限。解此二方程可得

$$V_c = 3Nb, \quad p_c = a/(27b^2), \quad T_c = 8a/(27b).$$

此处 T_c 即为临界温度。引入无量纲约化变量

$$\tilde{v} = V/V_c, \quad \tilde{p} = p/p_c, \quad \tilde{t} = T/T_c,$$

可得对应态定律：

$$\left(\tilde{p} + \frac{3}{\tilde{v}^2}\right)\left(\tilde{v} - \frac{1}{3}\right) = \frac{8\tilde{t}}{3}. \tag{6-18}$$

即范德华方程在临界温度附近有"普适"形式，与体系的物质构成细节无关，其意义深刻。

理想气体的自由能为 $F_0 = NT(3\log\lambda_T - 1) - NT\log v$。利用 $p = -\partial F(V,T)/\partial V$，由状态方程 (6-17) 出发，取 p 对 V 的积分，可计算范德华体系的自由能

$$F(V,T) = 3NT\log\lambda_T - NT - Na/v - NT\log(v-b), \tag{6-19}$$

此处已用过 $a = b = 0$ 时 $F = F_0$ 的条件确定了积分常数。上式右边最后一项是熵项，其余为内能。温度 $T < T_c$ 时，存在 $(\partial p/\partial V)_T < 0$，亦即 $(\partial^2 F/\partial V^2)_T > 0$ 的区域，那里体系失稳。自由能 V-$F(V,T)$ 曲线必须是凸的。范德华自由能曲线的凸包迹，可由构造双峰曲线 $F(V,T)$ 的双切线得到。双切点分别对应于两相共存的始、终点，其间的双切线对应共存区。记始、终点的自由能为 F_{g} 和 F_{l}，分别属于纯气相和纯液相，则双

切线为

$$F = \hat{p}(V - V_g) + F_g, \quad V \in [V_1, V_g],$$
$$\hat{p} = -(\partial F/\partial V)_T|_{V=V_g} = -(\partial F/\partial V)_T|_{V=V_1}.$$

在 V-F 平面上,

$$F_g - F_1 = \int_{V_1}^{V_g} dV \left(\frac{\partial F}{\partial V}\right) = -\int_{V_1}^{V_g} dV \, \hat{p},$$

于是, 相变压强 $\hat{p}$ 满足

$$\int_{V_1}^{V_g} dV \, (p - \hat{p}) = 0,$$

此式表明在 V-p 平面上, 水平线 $p = \hat{p}$ 在等温线的两相共存区分割出两个相等的面积, 这就是所谓的等面积法则或麦克斯韦构造。

在临界点附近记 $w = V - V_c$, $t = T - T_c$, 并以下标来标记导数, 如将 $(\partial p/\partial V)_T$ 和 $\partial^2 p/\partial V \partial T$ 在临界点处之值分别记作 p_v 和 p_{vt} 等, 如果压强可以在临界点附近作泰勒展开, 则运用拐点条件可写

$$p(V, T) = p(V_c, T_c) + p_{vt}tw + \frac{1}{2}p_{vvt}tw^2 + \frac{1}{6}p_{vvv}w^3 + \cdots.$$

记 w_g 和 w_1 为共存相的气相和液相的 w, 则由 $p(V_c + w_g, T) = p(V_c + w_1, T) = \hat{p}$ 和等面积法则可导得

$$p_{vt}t + \frac{1}{2}p_{vvt}tw_+ + \frac{1}{24}p_{vvv}(3w_+^2 + w_-^2) = 0,$$
$$\frac{1}{2}p_{vt}tw_+ + \frac{1}{24}p_{vvt}t(3w_+^2 + w_-^2) = 0,$$

此处 $w_\pm \equiv w_g \pm w_1$。整理解得 $w_+ = 2p_{vvt}t/p_{vvv}$, $w_- = (-24p_{vt}t/p_{vvv})^{1/2}$, 亦即 $w_{g,1} \sim \pm\sqrt{t}$:

$$w_g \approx \sqrt{-6p_{vt}t/p_{vvv}}, \qquad w_1 \approx -\sqrt{-6p_{vt}t/p_{vvv}}.$$

通常将范德华方程归入平均场理论, 范德华方程与平均场理论之间的关系如参数 a 的确定, 值得稍深入考察。以兰纳–琼斯 (Lennard-Jones, LJ) 液体为例, 两体可加势为

$$w(r) = 4\epsilon[(\sigma/r)^{12} - (\sigma/r)^6].$$

将之在势能最低点 $r_0 = 2^{\frac{1}{6}}\sigma$ 处分为两个连续势即近程排斥势 $u_0(r)$ 和远程吸引势 $u_1(r)$:

$$u_0(r) = [w(r) + \epsilon]\Theta(r_0 - r), \quad u_1(r) = -\epsilon\Theta(r_0 - r) + w(r)\Theta(r - r_0),$$

$$w(r) = u_0(r) + u_1(r).$$

依据威多姆 (Widom) 的分析, 在高密度下单粒子感受到的吸引势相消, 体系行为大致由排斥势 $u_0(r)$ 描述。数值模拟证实, 以 $u_0(r)$ 为作用势的参照体系的确近似描述原体系。如果密度较低而涨落较大, 或有外势 $\phi(\boldsymbol{r})$ 引起不均匀, 则吸引势相消效果变弱, 须考虑吸引势的修正, 为此可在排斥势参照体系中引入有效平均场 $\phi_R(\boldsymbol{r})$。为确定平均场, 写下 YBG 级联第一式

$$-T\nabla_1 \log \rho(\boldsymbol{r}_1; [\phi]) = \nabla_1\phi(\boldsymbol{r}_1) + \int \mathrm{d}\boldsymbol{r}_2\, \rho(\boldsymbol{r}_2|\boldsymbol{r}_1; [\phi])\nabla_1 w(\boldsymbol{r}_{12}),$$

此处 $\rho(\boldsymbol{r}_2|\boldsymbol{r}_1; [\phi]) \equiv \rho_2(\boldsymbol{r}_1, \boldsymbol{r}_2; [\phi])/\rho(\boldsymbol{r}_1; [\phi])$, 为条件概率。为使得含平均场的参照体系 (以 R 标记) 充分接近原体系, 要求

$$\rho_R(\boldsymbol{r}; [\phi_R]) \approx \rho(\boldsymbol{r}; [\phi]), \quad \rho_R(\boldsymbol{r}_2|\boldsymbol{r}_1; [\phi_R]) \approx \rho(\boldsymbol{r}_2|\boldsymbol{r}_1; [\phi]).$$

(此处认为含任意外场的参照体系已完全可求解, 虽然未必如此。重点在于处理平均场。) 写下参照体系的 YBG 方程, 与原体系的相减, 得平均

场自洽方程

$$\nabla_1[\phi(\boldsymbol{r}_1) - \phi_R(\boldsymbol{r}_1)] = -\int \mathrm{d}\boldsymbol{r}_2\, \rho_R(\boldsymbol{r}_2|\boldsymbol{r}_1; [\phi_R])\nabla_1 u_1(\boldsymbol{r}_{12}). \tag{6-20}$$

上式表明，通过适当选择的 $\phi_R(\boldsymbol{r})$，剧变的排斥势项和单体密度项在二体系间相消，而只留下缓变的吸引势梯度项，可用于处理界面引起的不均匀等情形。上式的平均场意义也显而易见。场 ϕ_R 的估计对 ρ_R 的误差不很敏感，用粗略的 ρ_R 仍可能得到合理的 ϕ_R。另外，同样的考虑还可借助耦合参数法导得自由能的平均场表达式。含耦合参数的势为 $w_\lambda(r) \equiv u_0(r) + \lambda u_1(r)$，$0 \leqslant \lambda \leqslant 1$，单粒子自洽势 $\phi_\lambda(r)$ 的选定项保证 $\rho_\lambda(\boldsymbol{r}; [\phi_\lambda]) = \rho(\boldsymbol{r}; [\phi])$。单粒子势的选定也保证二体关联函数与原体系的相近，因而 $\rho_{2,\lambda}$ 本质上与 λ 无关，对 λ 的积分平庸，得自由能

$$F = F_0 + \int \mathrm{d}\boldsymbol{r}\, [\phi(\boldsymbol{r}) - \phi_R(\boldsymbol{r})]\rho_R(\boldsymbol{r}) + \frac{1}{2}\int \mathrm{d}\boldsymbol{r}_1 \mathrm{d}\boldsymbol{r}_2\, u(r_{12})\rho_{2R}(\boldsymbol{r}_1, \boldsymbol{r}_2).$$

再回到均匀液体，取式 (6-20) 中的 $\phi = 0$，则由对称性有 $\nabla\phi_R(\boldsymbol{r}) = 0$。然而，如果引入位于原点的试探粒子，它提供了"外势" $\phi_t(\boldsymbol{r}_1) = w(r_{10})$，此时有效势梯度不再为零。仿照 u_1 引入 $u_{1,R}(r_{10}) = \phi_R(r_{10}) - u_0(r_{10})$，进一步在式 (6-20) 中取 $\rho_R(\boldsymbol{r}_2|\boldsymbol{r}_1; [\phi_R]) \approx \rho_R(\boldsymbol{r}_2; [\phi_R])$。此近似看来粗糙，其实不然，因为二者的差异仅在 $r_{12} < r_0$ 时显著，但此时的相乘因子 $\nabla_1 u_1(\boldsymbol{r}_{12})$ 为零。在此近似下，∇_1 可移出积分号，选择积分常数满足在无穷远处 $\phi_R(r_{10}) \to 0$，则

$$u_{1,R}(r_{10}) = u_1 \qquad (r_{10}) + \rho \int \mathrm{d}\boldsymbol{r}_2\, [g_R(r_{20}) - 1]u_1(r_{12}),$$
$$g_R(r_{20}) = \rho_R(\boldsymbol{r}_2; [\phi_R])/\rho. \tag{6-21}$$

此方程为简化的平均场自洽方程，此处 $g_R(r_{20})$ 为相对于中心试探粒子的径向分布函数。

问题 参照 (5.2.3) 节的讨论，推导以上耦合参数势的自由能公式。是否可能利用以上的平均场自洽方程估计 LJ 液体范德华方程的参数 a?

6.7 重正化群理论

重正化群理论是处理临界现象的理论。大尺度涨落伴随临界点而出现。关联长度趋于无限，是体系标度不变性的基础。把握体系在标度变换下的对称性，是理解临界现象的最重要手段。

6.7.1 二次方映射

说明重正化群概念的最简单例子也许是二次方映射:

$$x_{n+1} = f(x_n) = 1 - \mu x_n^2, \quad x \in [-1, 1], \, 0 < \mu \leqslant 2. \tag{6-22}$$

映射有周期 1 不动点 $x_* = (\sqrt{1+4\mu} - 1)/2\mu$，即 x_* 映射到自身。此不动点在 $\mu = 3/4$ 处失稳，这时出现周期 2，它是如下二次迭代的不动点即周期 2 的解:

$$f^{(2)}(x) \equiv f(f(x)) = 1 - \mu + 2\mu^2 x^2 - \mu^3 x^4 \tag{6-23}$$

再增大 μ，周期依次不断加倍直至在 $\mu_\infty \approx 1.402$ 处达到无限。在增大 μ 的过程中，周期 2^n 的轨道会有一点落在 $x = 0$ 上，这时的映射参数记作 μ_n，则 n 很大时 $\mu_\infty - \mu_n \propto \delta^{-n}$，$\delta \approx 4.669$。如果记周期 2^n 的最靠近 $x = 0$ 的右侧轨道点为 $x^{(n)}$，则渐近地有 $\alpha \equiv x^{(n)}/x^{(n+1)} \approx 2.503$。如何理解这样的发生在 μ_∞ 附近的现象?

引入变换 $\tilde{x} = x/(1-\mu)$，则二次迭代映射式 (6-23) 可近似地写成

$$\tilde{x}_{n+2} = 1 - \tilde{\mu}\tilde{x}_n^2, \qquad \tilde{\mu} \equiv -2\mu^2(1-\mu).$$

如果此处 μ 为上述的周期 2^{n+1} 轨道的参数值 μ_{n+1}，则因为二次迭代映射只保留一半的轨道点，$\tilde{\mu}$ 对应于 μ_n。于是，可写

$$\mu_n = -2\mu_{n+1}^2(1-\mu_{n+1}). \tag{6-24}$$

在 μ_∞ 处，因该参数对应于周期无限长的轨道，$\mu = \mu_\infty$ 应映射回自身，即 μ_∞ 为式 (6-24) 的不动点，依此估计得 $\mu_* = (1+\sqrt{3})/2 \approx \mu_\infty$。相应地，$\alpha$ 和 δ 的估计为 $\alpha = 1/(1-\mu_*) = 1+\sqrt{3}$ 和 $\delta = (\mathrm{d}\mu_n/\mathrm{d}\mu_{n+1})|_{\mu_*} = 4+\sqrt{3}$。

6.7.2　一维伊辛链的重正化

重正化群理论的一些基本概念，可用一维伊辛链展示。一维伊辛链可以看作是最简单的自相似链。从只有单条边连接着的两个格点开始，第 1 步，在这条边的中点放置一个新格点，原有的单条边生成两条新边。第 2 步，对两个新边的每一边重复第 1 步的操作，得到五格点四边。如此重复，每步放置中央格点加倍边数，直至永远。可以设想，如果将邻近的每二边三点归并成单边二点，则仍然得到相似的一维链。重正化群方法设法构造归并后的"粗链"的伊辛模型，并与原模型建立对应关系。一个可行的办法是对中间格点的可能自旋求和。记 $\beta J \equiv K$，假定粗链伊辛模型的作用参数为 K'，则可能的对应须满足

$$\mathrm{e}^{2K+3h} + \mathrm{e}^{-2K+h} = f\mathrm{e}^{K'+2h'}, \quad \mathrm{e}^h + \mathrm{e}^{-h} = f\mathrm{e}^{-K'},$$
$$\mathrm{e}^{2K-3h} + \mathrm{e}^{-2K-h} = f\mathrm{e}^{K'-2h'}, \tag{6-25}$$

此处第一、三式对应于粗链单边两端自旋一致的组态，第二式则对应自旋不一致的组态，$f = f(K,h)$ 是可能的标度因子。由这三个方程可解得三个未知数：

$$f^4 = 2^4 \cosh^2 h \cosh(2K+h)\cosh(2K-h),$$

$$\mathrm{e}^{2h'} = \mathrm{e}^{4h}\frac{\cosh(2K+h)}{\cosh(2K-h)}, \quad \mathrm{e}^{4K'} = \frac{\cosh(2K+h)\cosh(2K-h)}{\cosh^2 h}.$$

此即重正化变换。对于零场 $h = 0$，特别地有 $K' = \log[\cosh(2K)]/2$，$f(K) = 2\sqrt{\cosh(2K)}$。将映射 $(K', h') \to (K, h)$ 看作是从 (K_k, h_k) 到 (K_{k+1}, h_{k+1}) 的映射，则重正化变换的流如图 6.5 (a) 所示。点 $(K, h) = (0, 0)$ 为不稳定不动点，而 $(\infty, 0)$ 为稳定不动点。

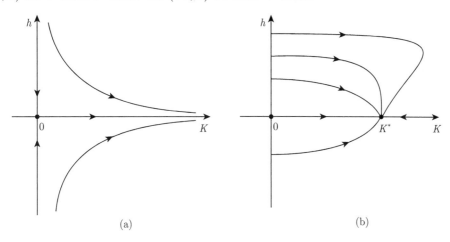

图 6.5　重正化群变换流：(a) 一维链；(b) 钻石分形

原链和粗链的配分函数之间应有关系

$$Q(K, 2N) = f^N(K)Q'(K', N).$$

引入单格点的自由能 $g(K) = -T\log Q/(2N)$ 和 $g'(K') = -T\log Q'/N$，在零场下

$$g(K') = 2g(K) - \log\left[2\cosh(2K)\right].$$

6.7.3　钻石分形的伊辛模型

钻石分形生成方式与上节的一维伊辛链很相似。从只有单条边连接着的两个格点开始，第 1 步，先复制这条边为两条，再在这两条边的中

点放置一个新格点，原有的单条边生成四条新边外加两个新点。第 2 步，对四条新边的每一边重复第 1 步的操作。如此重复，每步边数增四倍，直至永远。图形的基本单元为四边形，其两个相对顶点连两条边，另两个相对顶点各连四条边。保持后一对顶点，将基本单元的四边二顶点归并为一边即执行逆操作，可得到"粗粒"的自相似图形。重正化群方法设法构造归并后的"粗粒"图的伊辛模型，并与原模型建立对应关系。类似于一维链，对中间的一对格点的可能自旋求和。记 $\beta J \equiv K$，假定粗粒图伊辛模型的作用参数为 K'，则可能的对应须满足

$$\mathrm{e}^{\pm 2h} \left(\mathrm{e}^{2K \pm h} + \mathrm{e}^{-2K \mp h} \right)^2 = f \mathrm{e}^{K' \pm 2h'}, \quad \left(\mathrm{e}^h + \mathrm{e}^{-h} \right)^2 = f \mathrm{e}^{-K'}, \quad (6\text{-}26)$$

由这三个方程可解得三个未知数：

$$f^2 = 2^4 \cosh^2 h \cosh(2K + h) \cosh(2K - h),$$

$$\mathrm{e}^{2h'} = \mathrm{e}^{2h} \frac{\cosh(2K + h)}{\cosh(2K - h)}, \quad \mathrm{e}^{2K'} = \frac{\cosh(2K + h) \cosh(2K - h)}{\cosh^2 h}.$$

将映射 $(K', h') \to (K, h)$ 看作是从 (K_k, h_k) 到 (K_{k+1}, h_{k+1}) 的映射，则重正化变换的流如图 6.5 (b) 所示。与一维链有所不同，现在稳定不动点为 $(K, h) = (K_*, 0)$，整条 $K = 0$ 线为边际稳定的，而 $(\infty, 0)$ 变为不稳定不动点。

> **问题**　求钻石分形伊辛模型的临界温度及其在临界温度附近的比热、磁化强度和磁化率。

6.7.4　伊辛集团平均场

集团平均场保留集团内部的所有相互作用，将集团与外部的相互作

用以平均场替代。一般的集团平均场哈密顿量为

$$\hat{H}(n) = -J \sum_{\langle i,j \rangle \in \Omega} \sigma_i \sigma_j - h \sum_{i \in \Omega} \sigma_i - J \sum_{k \in \partial\Omega} q_k \sigma_k \langle \sigma \rangle,$$

此处 Ω 记格点数为 n 的集团, $\partial\Omega$ 为集团的边界格点, q_k 为格点 k 的不属于集团的紧近邻格点数。集团配分函数为

$$Q(n) = \sum_{\{\sigma_i\}} \mathrm{e}^{-\beta\hat{H}}.$$

自洽条件为

$$\langle \sigma \rangle = \frac{1}{n} \frac{\partial \log Q(n)}{\beta \partial h}.$$

以正方格子为例，现在考察如图 6.6 所示的单点集团和二点集团。前面讨论过最简单的单点集团，有

$$Q(1) = \mathrm{e}^{4K\langle\sigma\rangle+\tilde{h}} + \mathrm{e}^{-4K\langle\sigma\rangle-\tilde{h}} = 2\cosh(4K\langle\sigma\rangle + \tilde{h}),$$

此处 $\tilde{h} \equiv \beta h$，得自洽条件

$$\langle \sigma \rangle = \tanh(4K\langle\sigma\rangle + \tilde{h}) = 4K\langle\sigma\rangle + \tilde{h} + \cdots.$$

这也是状态方程，由之得临界温度 $4K_c = 1$ 或 $K_c = 1/4$。

图 6.6 正方格子的单点集团和二点集团

下一个简单的集团为二点集团，有

$$Q(2) = \mathrm{e}^{K+6K\langle\sigma\rangle+2\tilde{h}} + 2\mathrm{e}^{-K} + \mathrm{e}^{K-6K\langle\sigma\rangle-2\tilde{h}}.$$

引入 $R(x) \equiv e^x/(e^x + e^{-x})$，由自洽条件得

$$\langle \sigma \rangle = \left(e^{K+6K\langle\sigma\rangle+2\tilde{h}} - e^{K-6K\langle\sigma\rangle-2\tilde{h}} \right) \Big/ Q(2)$$

$$= 6KR(K)\langle\sigma\rangle + 2R(K)\tilde{h} + \cdots.$$

这个由二点集团给出的状态方程确定的临界温度为 $6KR(K) = 1$ 即 $K_c \approx 0.2648$。

在临界温度附近，磁化率 $\chi = (\partial\langle\sigma\rangle/\partial h)_T \propto |T - T_c|^{-\gamma}$。因为玻耳兹曼因子为指数函数而性质良好，集团平均场的状态方程在临界温度附近可展开成如下的一般形式：

$$\langle \sigma \rangle = G_s(n)\langle\sigma\rangle + G_h(n)\tilde{h} + \cdots,$$

此处函数 G_s 和 G_h 规则。对于固定的 n，无论多大，由 $\chi = G_h(n)/[1 - G_s(n)]$，及 G_s 作为 $K = \beta J$ 函数的规则性，总有平均场临界指数 $\gamma = 1$。(实际值为 $\gamma = 1.75$。) 磁化率发散对应于关联长度发散。集团尺度有限，不能感知无限的关联长度，导致失败。到底有无可能在平均场的框架内说明临界现象呢？其实，重正化群方法的核心，不在于直接处理发散，而在于把握尺度变换下体系哈密顿量或配分函数的对称性。就此而言，平均场理论不应局限于单一尺度，在平均场的框架内照样可以考察体系的尺度变换特性。临界温度附近必须考虑两个极限：温度极限和尺度极限。当温度足够靠近临界温度时，关联长度足够大，体系尺度必须不小于该关联长度，否则体系不能感知该关联长度。设想将体系粗粒化，尺度降为一半，相应的关联长度也将减半，相当于远离开临界温度。重正化理论假定粗粒化后的体系仍有相同的形式。临界温度处关联长度无限，因而临界温度处是尺度变换的不动点。这个不动点附近的尺度变换，确定临界行为。

上面分别由 $G_s(1) = 1$ 和 $G_s(2) = 1$ 确定了对应于单点集团和二点集团的临界温度。现在特别将 $G_s(n)$ 对 K 的依赖标出，写成 $G_s(n, K)$。考虑一个极为粗略的近似：引入温度变换 $G_s(1, K_1) = G_s(2, K_2)$，即

$$6K_2R(K_2) = 4K_1, \tag{6-27}$$

将临界温度取作变换的不动点 K^*，它满足 $G_s(1, K^*) = G_s(2, K^*)$。由式 (6-27)，得 $K^* = \frac{1}{2}\log 2 \approx 0.347$，此为临界温度的贝特值。记 $\epsilon \equiv (K - K^*)/K^*$，则由式 (6-27) 可得，在不动点附近

$$\lambda = \epsilon_1/\epsilon_2 = (\mathrm{d}K_1/\mathrm{d}K_2)|_{K^*} = 1 + 2K^*/3.$$

引入标度，假定 $\chi(2, \epsilon_2) = \Lambda\chi(1, \epsilon_1)$，由 $\chi \sim |T - T_c|^{-\gamma}$，应有 $\epsilon_2^{-\gamma} = \Lambda\epsilon_1^{-\gamma}$，则可得

$$\gamma = \log \Lambda / \log \lambda.$$

考虑到

$$\chi(1) = \frac{1}{1 - 4K_1}, \qquad \chi(2) = \frac{2R(K_2)}{1 - 6K_2R(K_2)},$$

在 K^* 附近，有 $\Lambda = 2R(K^*) = 4/3$。于是，最后估计得 $\gamma = 1.384$。此处可以作一个类比：当以内接正多边形逼近圆时，不论边数多大曲率总为零，但仍可由边数增加时多边形周长增长的趋势正确地估计出曲率。

第 7 章　近　平　衡

　　前面各章主要讨论不含时的平衡态统计力学性质，作为原理提到仅与热库接触的体系将趋于平衡。本章主要讨论含时不可逆的趋于平衡过程及相关问题。统计力学状态是微观组态的分布，统计力学中处理的分布以及宏观热力学量的时间演化，涉及到的演化时间尺度，与分子轨道动力学的时间尺度相比，应该仍然很大。刘维尔方程，本质上等价于分子轨道动力学方程，并非是合适的出发点。虽然随机过程方法如朗之万 (Langevin) 方程，不限于近平衡，但这里着重讨论近平衡。

7.1　布　朗　运　动

　　物理中的布朗 (Brown) 运动不仅是随机过程模型，更是宏观体系中物理量随机行为的理想化抽象，扮演了相当于平衡统计力学中理想气体的角色。考虑布朗运动也有助于理解平衡体系对外部小扰动的响应。一个布朗粒子在流体中的运动将受到拖曳，动能损耗转化为热。另一方面，布朗粒子在流体中不会静止不动，受流体分子的冲击而速度随时发生小改变，即布朗运动将热转化为动能，是前者的逆过程。因而，有耗散，就有伴随涨落的逆过程。另一对这样的过程的例子是光吸收和热辐射。

　　布朗运动过程是一种正态分布的独立增量连续随机过程。它是随机分析中的基本概念之一。布朗运动也是马尔可夫过程，其变量 $W(t)$ 是期望为 0，方差为时差 t 的正态随机变量。1827 年英国植物学家布朗用显微镜观察悬浮于水中的由花粉所迸裂出的微粒时，发现微粒会呈现不规则状的运动，因而称为布朗运动。布朗运动是布朗微粒的随机运动，而不是分子的随机运动。但是通过布朗运动的现象可以间接证明分子的无规则运动。花粉过大，事实上几乎不受布朗运动的影响。然而因翻译有误，被说成是"水中的花粉作布朗运动"。直到 1973 年植物学者岩波 (Iwanami) 洋造点出此谬误之前，鲜少有人注意。

爱因斯坦 1905 年发表了关于布朗运动的理论，他的理论分两个部分：第一部分定义布朗粒子扩散方程，其中的扩散系数与布朗粒子平均平方位移相关；第二部分连结扩散系数与可测量的物理量。以此方式，爱因斯坦可决定原子的大小及摩尔体积气体的粒子数。十八世纪初，根据化学反应中不同物质的量有确定的比例这一事实，道尔顿给出原子论解释。在十八世纪末，玻耳兹曼基于原子论发展了动理学理论。爱因斯坦的理论将原子论与可观测量直接联系。

爱因斯坦论点的第一部分是确定布朗粒子在给定时间内的传播距离。经典力学无法确定这个距离，因为一个布朗粒子受到每秒大约 10^{15} 次的剧烈碰撞。因此，爱因斯坦考虑布朗粒子群体的运动，布朗粒子的密度 $\rho(x,t)$ 满足扩散方程：

$$\frac{\partial \rho}{\partial t} = D\frac{\partial^2 \rho}{\partial x^2}, \quad \rho(x,t) = \frac{N}{\sqrt{4\pi Dt}} \exp\left(-\frac{x^2}{4Dt}\right), \quad \langle x^2 \rangle = 2Dt.$$

爱因斯坦理论的第二部分考虑与扩散有关的动力学平衡，妙在结果与具体过程用何种力无关。重力场中布朗粒子密度分布为 $\rho = \rho_0 e^{-\beta mgh}$。由菲克 (Fick) 定律，密度梯度引起的流为 $J \equiv \rho v = -D\mathrm{d}\rho/\mathrm{d}h$，得速度 $v = D\beta mg$。粒子因重力场获得下沉速度 $v = \mu mg$，此处 μ 为迁移率。迁移到低密度区的密度均匀化倾向与重力场效果相抵，达到平衡。于是，平衡条件为 $D\beta mg = \mu mg$，即

$$\mu = D\beta = \langle x^2 \rangle / (2tT).$$

现在粗略考察一下布朗粒子。为估计单向净碰撞，考虑向右概率取 $p = 1/2$ 的一维随机行走。记 n 为总步数，其中向右步数为 n_+，则由二项分布，n_+ 的期望和方差为 $n/2$ 和 $n/4$。平均的偏右位移为

$$\langle n_+ - (n - n_+) \rangle = \langle 2n_+ - n \rangle = \sum_{n_+=n/2}^{n} (2n_+ - n) P_{n_+,n}$$

$$\approx \int_{n/2}^{n} (2n_+ - n) \sqrt{\frac{2}{\pi n}} \mathrm{e}^{-(2n_+-n)^2/2n} \mathrm{d}n_+ \approx \sqrt{\frac{n}{2\pi}}.$$

轻粒子有质量 m 和速度 u，布朗粒子有质量 M 和速度 U，则布朗粒子由与轻粒子碰撞获得的速度 $mu/M \sim 10^{-7}$ cm/s，每秒约 10^{18} 次碰撞，单向净碰撞数约 $\sqrt{10^{18}} \sim 10^9$ 次，布朗粒子速度 $U \sim 100$ cm/s。考虑到碰撞可引起 U 加速，也可减速。速度 U 越大，则碰撞减速越强，不会无限增长，否则将有二类永动机。最终有能均分，$\langle MU^2 \rangle = \langle mu^2 \rangle$。布朗运动不限于布朗粒子，它也可描述大量自由度的涨落模。

问题　分析粒子过大过重则观察不到布朗运动。

7.2　朗之万方程

布朗运动可用朗之万方程描述，溶剂或环境的热涨落以随机力表示。在统计物理中，朗之万方程是一个描述自由度子集的时间演化的随机微分方程。这些自由度的时间演化尺度是宏观的，比体系其他微观时间尺度大许多。快速微观变量是朗之万方程随机力的根源。

记 $\boldsymbol{R}(t)$ 为随机力，描述流体中的粒子在分子碰撞下做无规则运动的朗之万方程为：

$$m\frac{\mathrm{d}^2\boldsymbol{x}}{\mathrm{d}t^2} = -\gamma m\frac{\mathrm{d}\boldsymbol{x}}{\mathrm{d}t} + \boldsymbol{R}(t),$$

$$\langle R_i(t)\rangle = 0, \qquad \langle R_i(t)R_j(t')\rangle = 2\gamma mT\delta_{i,j}\delta(t-t'), \qquad (7\text{-}1)$$

这里 $\boldsymbol{x}$ 是粒子的位置, 作用在粒子上的力一项为正比于粒子速度的黏滞力, γ 为摩擦系数, 另一项为表示流体分子碰撞影响的噪声项即随机力 $\boldsymbol{R}(t)$, 它具有高斯概率分布以及 δ-函数的时间相关函数, 表示在时间 t 上的力不与任何其他时间相关, 即为白噪声。当然, 实际的随机力具有对应于分子碰撞时间的非零相关时间。只关注粒子的长时间尺度的 "宏观" 运动, 则在此极限下得到 δ-相关和朗之万方程。朗之万方程的一个典型特征是, 随机力的相关函数中出现衰减系数 γ, 此即爱因斯坦关系, 表明趋于平衡和偏离平衡同源。(外源噪声则不受此限制。)

为简单起见, 以下考虑一维情形。解白噪声下关于 $u(t) = \mathrm{d}x(t)/\mathrm{d}t$ 的朗之万方程,

$$\dot{u}(t) = -\gamma u + \frac{1}{m}R(t), \quad u(t) = u_0\mathrm{e}^{-\gamma(t-t_0)} + \frac{1}{m}\int_{t_0}^{t}\mathrm{d}t'\,\mathrm{e}^{-\gamma(t-t')}R(t').$$

固定时刻 t 的随机变量 $u(t)$, 其均值和方差为

$$\langle u(t)\rangle = u_0\mathrm{e}^{-\gamma(t-t_0)}, \quad \langle u^2(t)\rangle - \langle u(t)\rangle^2 = \frac{1}{m\beta}\left(1 - \mathrm{e}^{-2\gamma(t-t_0)}\right).$$

二者给出转移概率

$$P(u,t|u_0,t_0) = \left[\frac{m\beta}{2\pi(1-\mathrm{e}^{-2\gamma(t-t_0)})}\right]^{1/2}\exp\left[-\frac{m\beta}{2}\frac{(u-u_0\mathrm{e}^{-\gamma(t-t_0)})^2}{1-\mathrm{e}^{-2\gamma(t-t_0)}}\right].$$

位移 $x(t)$ 可由 $u(t)$ 对 t 积分得到,

$$x(t) = \int_0^t u(t')\mathrm{d}t' = \frac{u_0}{\gamma}\left(1 - \mathrm{e}^{-\gamma t}\right)$$

$$+ \frac{1}{m\gamma} \int_0^t dt' \left(1 - e^{-\gamma(t-t')}\right) R(t') \equiv x_1(t) + x_2(t),$$

此处 $x_1(t)$ 和 $x_2(t)$ 分别记 u_0 项和 $R(t')$ 项，彼此独立。通过计算矩，变量 $x(t)$ 的特征函数

$$\langle e^{i\xi x(t)} \rangle = \langle e^{i\xi x_1(t)} \rangle \langle e^{i\xi x_2(t)} \rangle = \exp\left[-\frac{1}{2}\xi^2 \left(\langle x_1^2 \rangle + \langle x_2^2 \rangle\right)\right]$$

$$= \exp\left[-\xi^2 \frac{\langle u^2 \rangle}{\gamma} \left(t - \frac{1 - e^{-\gamma t}}{\gamma}\right)\right],$$

此处已假定 u_0 满足麦克斯韦分布且用到 $\langle u^2 \rangle = 1/m\beta$。记 $\langle u^2 \rangle = D\gamma$，则转移概率为

$$P(x,t|0,0) = \left[4\pi D\left(t - \frac{1 - e^{-\gamma t}}{\gamma}\right)\right]^{-1/2}$$

$$\cdot \exp\left\{-x^2 \left[4D\left(t - \frac{1 - e^{-\gamma t}}{\gamma}\right)\right]^{-1}\right\}.$$

由之可得 $\langle x^2 \rangle = 2D[t - (1 - e^{-\gamma t})/\gamma]$，当 $t \ll 1/\gamma$ 时，$\langle x^2 \rangle \approx \langle u^2 \rangle t^2$，即在短时间内布朗粒子仍保持其初速度，粒子位移与时间呈线性关系。当 $t \gg 1/\gamma$ 时，$\langle x^2 \rangle \approx 2Dt$，与上节的布朗运动结果一致，趋于扩散过程。

与一维的方程 (7-1) 相对应，概率分布密度 $P(x,p,t)$ 所满足的福克–普朗克 (Fokker-Planck, FP) 方程为

$$\frac{\partial}{\partial t}P(x,p,t) = \left[-\frac{\partial}{\partial x}\frac{p}{m} + \frac{\partial}{\partial p}\frac{dV}{dx} + \frac{\partial}{\partial p}\gamma\left(p + \frac{m}{\beta}\frac{\partial}{\partial p}\right)\right]P(x,p,t). \quad (7\text{-}2)$$

此处 $p = mu$ 为动量，$V(x)$ 为可能存在的外势。当噪声 R 依赖于 u 为 $R(u,t)$ 时，从朗之万方程到 FP 方程不唯一。导数 dx/dt 在 δ-相关的极限下无定义，须作进一步地诠释如伊藤积分，将微积分的概念扩展到随机过程中。伊藤诠释在数学上方便，而斯特拉托诺维奇 (Stratonovich) 诠释在物理上较自然，多在物理文献中采用。FP 方程则无歧义。

7.3 动力学投影

传统的观点认为, 统计物理在于引入不同层次的粗粒化而导出物理定律。一个手段是投影到少数几个自由度, 例如, 只看布朗粒子, 或只看坐标不看动量, 或只看单粒子分布。马尔科夫性只是近似, 演化一般依赖于整个历史而不只是当前。设完全变量 (q, Q) 为马尔科夫过程, 此处 Q 为 "隐变量", q 和 Q 的分割是互斥的即互为补, 可均为多分量。分布函数 $f(q, Q, t)$ 满足

$$\partial f/\partial t = \Gamma f.$$

引入投影算符 $|q\rangle\langle q| \equiv \mathcal{P}'$ 和 $|Q\rangle\langle Q| \equiv \mathcal{P}$, 其意义如下:

$$|Q\rangle\langle Q|f(q, Q, t)\rangle \to \varphi_0(Q) \int \psi_0(Q)dQ\, f(q, Q, t),$$
$$|Q\rangle \sim \varphi_0(Q), \quad \langle Q| \sim \psi_0(Q).$$

此处 $\langle Q|Q\rangle = \langle q|q\rangle = 1$, 满足归一。另外, $\mathcal{P} + \mathcal{P}' = 1, \mathcal{P}\mathcal{P}' = \mathcal{P}'\mathcal{P} = 0$。记

$$|\bar{g}(q, t)\rangle = \langle Q|f(q, Q, t)\rangle, \qquad \mathcal{P}|f(q, Q, t)\rangle = |\bar{g}(q, t)\rangle|Q\rangle,$$

分解演化方程为

$$\frac{\partial f}{\partial t} = \Gamma f, \quad \to \quad \frac{\partial}{\partial t}\mathcal{P}f = \mathcal{P}\Gamma\mathcal{P}f + \mathcal{P}\Gamma\mathcal{P}'f, \quad \frac{\partial}{\partial t}\mathcal{P}'f = \mathcal{P}'\Gamma\mathcal{P}'f + \mathcal{P}'\Gamma\mathcal{P}f.$$

采用如下的拉普拉斯 (Laplace) 变换比较方便:

$$F(q, Q, s) = \int_{t_0}^{\infty} e^{-s(t-t_0)} f(q, Q, t)dt.$$

设初条件为 $f(q, Q, t_0) \equiv f_0(q, Q)$, 则由直接写线性非齐次方程的形式解

作变换，或变换后求代数解，可得

$$\mathcal{P}'f(q,Q,t) = \int_{t_0}^{t} e^{(t-t')\mathcal{P}'\Gamma}\mathcal{P}'\Gamma\mathcal{P}f(q,Q,t')\mathrm{d}t' + e^{(t-t_0)\mathcal{P}'\Gamma}\mathcal{P}'f_0, \;\rightarrow$$

$$\mathcal{P}'F = \frac{1}{s-\mathcal{P}'\Gamma}\left(\mathcal{P}'\Gamma\mathcal{P}F + \mathcal{P}'f_0\right),$$

此处已用到 $\mathrm{d}f(t)/\mathrm{d}t \rightarrow sF(s) - f(t_0)$, $e^{at} \rightarrow 1/(s-a)$。进而有

$$\left(s - \mathcal{P}\Gamma - \mathcal{P}\Gamma\frac{1}{s-\mathcal{P}'\Gamma}\mathcal{P}'\Gamma\right)\mathcal{P}F = \mathcal{P}f_0 + \mathcal{P}\Gamma\frac{1}{s-\mathcal{P}'\Gamma}\mathcal{P}'f_0. \quad (7\text{-}3)$$

如果初条件满足 $\mathcal{P}'f_0 = 0$，则上式最右边依赖于初值 f_0 的一项可略。方程 (7-3) 左边括号中的第三项是记忆项，对应于非马尔科夫性。如果记忆的持续时间 τ_c 与 $\bar{g}$ 的变化率相比很短，则经长时间演化后，

$$\mathcal{P}\Gamma\frac{1}{s-\mathcal{P}'\Gamma}\mathcal{P}'\Gamma\mathcal{P}F \rightarrow \mathcal{P}\Gamma\int_{t_0}^{t}\mathrm{d}\tau\, e^{(t-\tau)\mathcal{P}'\Gamma}\mathcal{P}'\Gamma\mathcal{P}f(q,Q,\tau)$$

$$\approx \left[\mathcal{P}\Gamma\int_{-\infty}^{t}\mathrm{d}\tau\, e^{(t-\tau)\mathcal{P}'\Gamma}\mathcal{P}'\Gamma\right]\mathcal{P}f(q,Q,t).$$

于是，投影方程退化为 $\partial\bar{g}/\partial t = \bar{\Gamma}\bar{g}$ 的形式，重新获得马尔科夫性。

再次考察布朗运动式 (7-2)，将之写成

$$\frac{\partial}{\partial t}f(x,u,t) = (\Gamma_0 + \Gamma_1)f,$$

$$\Gamma_0 = \gamma\frac{\partial}{\partial u}\left(u + \frac{1}{m\beta}\frac{\partial}{\partial u}\right), \quad \Gamma_1 = -u\frac{\partial}{\partial x} + \frac{1}{m}\frac{\mathrm{d}V}{\mathrm{d}x}\frac{\partial}{\partial u}.$$

取 $(q,Q) \rightarrow (x,u)$，引入 $|Q\rangle \sim \varphi_0(u) = \sqrt{m\beta/2\pi}\exp(-\beta mu^2/2)$，则 $\langle Q| \sim \psi_0(u) = 1$。直接可以验证，$\Gamma_0\varphi_0(u) = 0$。对于任意的分布函数 $h(x,u,t)$，只要当 $u \rightarrow \pm\infty$ 时 $h(x,u,t) = 0$，有

$$\mathcal{P}\Gamma_0 h = |Q\rangle\langle Q|\Gamma_0 h\rangle = \varphi_0(u)\left[\gamma\left(u + \frac{1}{m\beta}\frac{\partial}{\partial u}\right)h\right]_{-\infty}^{\infty} = 0.$$

于是，$\Gamma_0 \mathcal{P} = \mathcal{P}\Gamma_0 = 0$。方程 (7-3) 左边第二项 $\mathcal{P}\Gamma\mathcal{P}F = \mathcal{P}\Gamma_1\mathcal{P}F$ 直接计算得零，而第三项对应于

$$\int_{-\infty}^{\infty} \mathrm{d}u\, \Gamma_1 \int_{t_0}^{t} \mathrm{d}\tau\, \mathrm{e}^{(t-\tau)\mathcal{P}'\Gamma} \mathcal{P}'\Gamma_1 \varphi_0(u) \bar{g}(x, \tau),$$

含记忆效应。(方程 (7-3) 最右边项含对初值的记忆，如果初条件 $f_0(x, u) = \varphi_0(u)\bar{g}_0(x)$ 时，因为 $\mathcal{P}f_0 = f_0$，其后果为零，否则在长时间后一般也消失。) 布朗运动的空间投影通常较复杂。引入平均自由程 $l \equiv \sqrt{\langle u^2 \rangle}/\gamma$，当 γ 很大时，l 很小，Γ_0 很大，Γ_1 相对于 Γ_0 是微扰，$\mathrm{e}^{(t-\tau)\mathcal{P}'\Gamma} \approx \mathrm{e}^{(t-\tau)\mathcal{P}'\Gamma_0} = \mathrm{e}^{(t-\tau)\Gamma_0}$。利用 Γ_1 的表达式，可证

$$\mathcal{P}'\Gamma_1\varphi_0(u)\bar{g} = (1 - \mathcal{P})\Gamma_1\varphi_0(u)\bar{g} = \Gamma_1\varphi_0(u)\bar{g} = -u\varphi_0(u)\left(\frac{\partial}{\partial x} + \beta\frac{\mathrm{d}V}{\mathrm{d}x}\right)\bar{g}.$$

此处已用到 $\int \mathrm{d}u\, \partial_u \cdots = 0$。另一方面，

$$\Gamma_0 u \varphi_0(u) = \gamma\frac{\partial}{\partial u}\left(u + \frac{1}{m\beta}\frac{\partial}{\partial u}\right)u\varphi_0(u) = -\gamma u\varphi_0(u),$$

表明 $u\varphi_0(u)$ 是 Γ_0 的本征函数，本征值为 $-\gamma$。如果 γ 很大，$l|(\partial_x\bar{g})/\bar{g}| \ll 1$，$l|(\partial_x V)/V| \ll 1$，只有 t 附近的 τ 对积分有贡献，最终记忆项可写作

$$\int_{-\infty}^{\infty} \mathrm{d}u\, \Gamma_1 u\varphi_0(u) \int_{t_0}^{t} \mathrm{d}\tau\, \mathrm{e}^{-\gamma(t-\tau)}\left(\frac{\partial}{\partial x} + \beta V'\right)\bar{g}(x, \tau)$$

$$\to \frac{\partial}{\partial x}\left[\left(\frac{\langle u^2 \rangle}{\gamma}\right)\left(\frac{\partial}{\partial x} + \beta V'\right)\right]\bar{g}(x, t),$$

得空间布朗运动的扩散方程。记 $\tau_c = 1/\gamma$，$D = \langle u^2 \rangle \tau_c$，上述马尔科夫描述的适用条件为 $t \approx (\Delta x)^2/D$，此处 $\Delta x = |\bar{g}/(\partial_x\bar{g})|$，可取无量纲控制参数为 $\alpha = l/\Delta x$，应有 $\alpha \ll 1$，$t/\tau_c \sim \alpha^{-2}$。

以上考虑分布的演化，还可考虑力学量的演化。定义任意两个力学量 $g(\boldsymbol{z})$ 和 $h(\boldsymbol{z})$ 的内积为

$$\langle g, h \rangle = C \int \mathrm{d}\boldsymbol{z}\, \mathrm{e}^{-\beta\mathcal{H}(\boldsymbol{z})} g(\boldsymbol{z}) h(\boldsymbol{z}),$$

此处 C 为归一因子, 则可引入关于 $a(z)$ 的投影算符 $\mathcal{P}$。任意 $g(z)$ 关于 a 的投影为: $\mathcal{P}g = a\langle a, g\rangle/\langle a, a\rangle$。此投影算符可用于推导关于 a 的朗之万方程。

7.4 线性响应和涨落–耗散关系

关联是统计力学中的一个重要概念。考虑时间和空间不同的两个随机变量 $s_1(\boldsymbol{R}, t)$ 和 $s_2(\boldsymbol{R}+\boldsymbol{r}, t+\tau)$, 它们的关联函数定义为

$$C(\boldsymbol{r}, \tau) = \langle s_1(\boldsymbol{R}, t)s_2(\boldsymbol{R}+\boldsymbol{r}, t+\tau)\rangle - \langle s_1(\boldsymbol{R}, t)\rangle\langle s_2(\boldsymbol{R}+\boldsymbol{r}, t+\tau)\rangle.$$

取 $\tau = 0$ 时, 退化为空间关联函数 $C(\boldsymbol{r}, 0)$, 前面讨论的径向分布函数是一个例子, 而 $C(0, \tau)$ 是时间关联函数。平衡态统计不涉及时间, 如何理解平衡态中的时间关联函数?

7.4.1 涨落–耗散关系

关于时间关联函数的演化, 昂萨格提出回归假设: 宏观非平衡小扰动的弛豫与平衡体系中自发微观涨落的回归服从相同的定律。记 $\delta A(t) \equiv A(t) - \langle A\rangle \equiv A(\boldsymbol{r}^N, \boldsymbol{p}^N; t) - \langle A\rangle$ 为动力学变量 $A(\boldsymbol{r}^N, \boldsymbol{p}^N; t)$ 相对于其平衡值 $\langle A\rangle$ 的自发偏离或涨落, 应有 $\langle \delta A\rangle = 0$。变量 $A(t)$ 的平衡态下的平均为

$$\langle A\rangle = \frac{1}{Z}\int \mathrm{d}\boldsymbol{r}^N \mathrm{d}\boldsymbol{p}^N \, \mathrm{e}^{-\beta\mathcal{H}} A(\boldsymbol{r}^N, \boldsymbol{p}^N; t) \equiv \frac{\operatorname{Tr}\mathrm{e}^{-\beta\mathcal{H}}A}{\operatorname{Tr}\mathrm{e}^{-\beta\mathcal{H}}}.$$

涨落 $\delta A(t)$ 的时间关联函数为

$$\begin{aligned} C(t) &= \langle \delta A(0)\delta A(t)\rangle = \int \mathrm{d}\boldsymbol{r}^N \mathrm{d}\boldsymbol{p}^N \, f\left(\boldsymbol{r}^N, \boldsymbol{p}^N\right) \\ &\quad \cdot \delta A\left(\boldsymbol{r}^N, \boldsymbol{p}^N; 0\right)\delta A\left(\boldsymbol{r}^N, \boldsymbol{p}^N; t\right) = \langle A(0)A(t)\rangle - \langle A\rangle^2, \end{aligned}$$

此处 $f\left(\boldsymbol{r}^N, \boldsymbol{p}^N\right) = Z^{-1}\mathrm{e}^{-\beta\mathcal{H}}$ 为相空间平衡分布函数。因为在平衡体系中时间关联函数仅依赖于时间间隔，

$$C(t) = \langle\delta A(0)\delta A(t)\rangle = \langle\delta A(-t)\delta A(0)\rangle = \langle\delta A(0)\delta A(-t)\rangle = C(-t),$$

此处已假定 $A(t)$ 为经典量，而 $A(0)$ 和 $A(t)$ 可以换序。当 $t \to \infty$ 时，$C(t) \to 0$，此处的时间关联衰减即为昂萨格的自发涨落回归。

考虑初始条件的分布 $F\left(\boldsymbol{r}^N, \boldsymbol{p}^N\right)$，记 $\bar{A}(t)$ 为 $A(\boldsymbol{r}^N, \boldsymbol{p}^N; t)$ 对分布 F 的平均：

$$\bar{A}(t) = \int \mathrm{d}\boldsymbol{r}^N \mathrm{d}\boldsymbol{p}^N\, F\left(\boldsymbol{r}^N, \boldsymbol{p}^N\right) A\left(\boldsymbol{r}^N, \boldsymbol{p}^N; t\right).$$

记 $\Delta\bar{A}(t) \equiv \bar{A}(t) - \langle A\rangle$，昂萨格原理可表述作：在线性区域，弛豫过程满足如下关系

$$\frac{\Delta\bar{A}(t)}{\Delta\bar{A}(0)} = \frac{C(t)}{C(0)}. \tag{7-4}$$

如果令

$$F\left(\boldsymbol{r}^N, \boldsymbol{p}^N\right) = f\left(\boldsymbol{r}^N, \boldsymbol{p}^N\right) A\left(\boldsymbol{r}^N, \boldsymbol{p}^N; 0\right)/\langle A\rangle,$$

则

$$\langle A\rangle\Delta\bar{A}(t) = \int \mathrm{d}\boldsymbol{r}^N \mathrm{d}\boldsymbol{p}^N\, f\left(\boldsymbol{r}^N, \boldsymbol{p}^N\right) A\left(\boldsymbol{r}^N, \boldsymbol{p}^N; 0\right) A\left(\boldsymbol{r}^N, \boldsymbol{p}^N; t\right)$$
$$- \langle A\rangle^2 = C(t).$$

对于 $t = 0$ 也有类似的关系。于是，此式直接导出昂萨格原理，但充分而未必必要，下面还将进一步讨论。涨落–耗散关系将一个物理量的涨落与该物理量的弛豫速率相联系。关联函数可度量涨落，并与耗散联系，但二者关系的意义超出涨落–耗散定理，可包括一般响应，也不论过程是可逆或不可逆。

7.4.2　线性响应

线性响应理论假定平衡体系对外部小扰动的响应等同于其对涨落的响应，是涨落–耗散关系的一种形式，处理对平衡态的小幅偏离。如果通过施加与 A 耦合的外场 h 引入扰动 $\Delta\mathcal{H} = -hA$ 直至时刻 $t = 0$，此时的分布

$$F(\boldsymbol{r}^N, \boldsymbol{p}^N) \propto \mathrm{e}^{-\beta(\mathcal{H}+\Delta\mathcal{H})}.$$

(另有一类力可导致温度或化学势的非均匀而产生流，不能表成上述形式，称为热内力。) 变量 $A(\boldsymbol{r}, \boldsymbol{p}; t)$ 相对于初始分布 F 的平均为

$$\bar{A}(t) = \int \mathrm{d}\boldsymbol{r}^N \mathrm{d}\boldsymbol{p}^N F(\boldsymbol{r}^N, \boldsymbol{p}^N) A(\boldsymbol{r}^N, \boldsymbol{p}^N, t) \equiv \frac{\mathrm{Tr}\, \mathrm{e}^{-\beta(\mathcal{H}+\Delta\mathcal{H})} A(t)}{\mathrm{Tr}\, \mathrm{e}^{-\beta(\mathcal{H}+\Delta\mathcal{H})}}.$$

在 $t = 0$ 时刻 $\Delta\mathcal{H}$ 已关闭，$A(0)$ 在 $\mathcal{H}$ 之下变到 $A(t) = A(\boldsymbol{r}^N, \boldsymbol{p}^N, t)$。由 $\Delta\mathcal{H}$ 引起的 $\bar{A}(t)$ 对 $\langle A \rangle$ 的偏离很小，可作微扰处理，于是

$$\bar{A}(t) \approx \frac{\mathrm{Tr}\, \mathrm{e}^{-\beta\mathcal{H}}(1-\beta\Delta\mathcal{H})A(t)}{\mathrm{Tr}\, \mathrm{e}^{-\beta\mathcal{H}}(1-\beta\Delta\mathcal{H})} \approx \langle A \rangle - \beta(\langle\Delta\mathcal{H}A(t)\rangle - \langle A\rangle\langle\Delta\mathcal{H}\rangle).$$

此处 $\langle x \rangle \equiv \mathrm{Tr}\, \mathrm{e}^{-\beta\mathcal{H}} x / \mathrm{Tr}\, \mathrm{e}^{-\beta\mathcal{H}}$ 是平衡态下的平均，推导中分子和分母曾同除了 $\mathrm{Tr}\, \mathrm{e}^{-\beta\mathcal{H}}$。因为不能区分 $A(t)$ 的偏离是由外驱动或自发涨落引起，应有 $\langle A(t)\rangle = \langle A\rangle$。将 $\Delta\mathcal{H} = -hA$ 代入上式，可得

$$\Delta\bar{A}(t) \equiv \bar{A}(t) - \langle A\rangle = \beta h \langle \delta A(0) \delta A(t)\rangle. \tag{7-5}$$

此式即为线性响应关系。由之可推得弛豫关系式 (7-4)：

$$\Delta\bar{A}(t)/\Delta\bar{A}(0) = \langle\delta A(0)\delta A(t)\rangle/\langle(\delta A)^2\rangle.$$

如果以 $h(t)$ 替代 h 考虑更一般的含时扰动，则线性响应的普遍形式为

$$\Delta\bar{A}(t) = \int_{-\infty}^{\infty} \mathrm{d}t'\, \chi(t, t') h(t'), \tag{7-6}$$

此处 $\chi(t, t')$ 称为响应函数或广义感应率, 实为泛函导数:

$$\chi(t, t') = \delta\{\Delta\bar{A}(t)[h(t')]\}/\delta h(t').$$

从物理角度考虑, χ 作为平衡体系的性质, 应有 $\chi(t, t') = \chi(t - t')$, 另外, 还应满足因果性: 当 $t - t' \leqslant 0$, $\chi(t, t') = 0$。前面的讨论对应于取 $h(t) = h\,\Theta(-t)$, 于是

$$\Delta\bar{A}(t) = h \int_{-\infty}^{0} \mathrm{d}t'\, \chi(t - t') = h \int_{t}^{\infty} \mathrm{d}t'\, \chi(t').$$

对照前面涨落–耗散定理的结果式 (7-5), 有

$$\chi(t) = \begin{cases} -\beta \dfrac{\mathrm{d}}{\mathrm{d}t}\langle \delta A(0)\delta A(t)\rangle, & t > 0, \\ 0, & t < 0. \end{cases} \tag{7-7}$$

一类重要的扰动是周期外场。设观测持续时间为 T 足够长, 通过外场做功, 单位时间内体系吸收的总能量为

$$\epsilon = \frac{1}{T} \int_{0}^{T} \mathrm{d}t\, h(t) \frac{\mathrm{d}\bar{A}}{\mathrm{d}t} = -\frac{1}{T} \int_{0}^{T} \mathrm{d}t\, \dot{h}(t)\bar{A}(t).$$

对于单色扰动 $h(t) = \mathrm{Re}\, h_\omega \mathrm{e}^{-\mathrm{i}\omega t}$, 有

$$\begin{aligned} \epsilon &= \frac{\mathrm{i}\omega}{2T} \int_{0}^{T} \mathrm{d}t\, \left(h_\omega \mathrm{e}^{-\mathrm{i}\omega t} - h_\omega^* \mathrm{e}^{\mathrm{i}\omega t}\right) \bar{A}(t) \\ &= \frac{\mathrm{i}\omega}{2T} \int_{0}^{T} \mathrm{d}t\, \left(h_\omega \mathrm{e}^{-\mathrm{i}\omega t} - h_\omega^* \mathrm{e}^{\mathrm{i}\omega t}\right) \left[\langle A\rangle + \int_{-\infty}^{\infty} \mathrm{d}t'\, \chi(t')h(t - t')\right]. \end{aligned}$$

在 $T \gg 2\pi/\omega$ 的极限下,

$$\frac{1}{T} \int_{0}^{T} \mathrm{d}t\, \mathrm{e}^{\mathrm{i}n\omega t} = \delta_{n,0}, \quad \to \quad \epsilon(\omega) = \frac{1}{2}\omega|h_\omega|^2 \int_{-\infty}^{\infty} \mathrm{d}t\, \chi(t)\sin(\omega t),$$

此式将吸收对应于响应函数的正弦傅里叶变换。利用式 (7-7), 进一步得

$$\epsilon(\omega) = -\frac{\beta}{2}\omega|h_\omega|^2 \int_{0}^{\infty} \mathrm{d}t\, \dot{C}(t)\sin(\omega t) = \frac{\beta}{2}\omega^2|h_\omega|^2 \int_{0}^{\infty} \mathrm{d}t\, C(t)\cos(\omega t)$$

$$= \frac{\beta}{2}\omega^2|h_\omega|^2 \int_0^\infty \mathrm{d}t\, \langle \delta A(0)\delta A(t)\rangle \cos(\omega t).$$

如果 $A(t)$ 遵从谐振子动力学，即 $\ddot{A}(t) = -\omega_0^2 A(t)$，则 $\langle \delta A(0)\delta A(t)\rangle = \langle (\delta A)^2\rangle \cos(\omega_0 t)$，有共振吸收 $\epsilon(\omega) \propto \delta(\omega \pm \omega_0)$。

7.4.3   昂萨格倒易关系

温差导致热流，压差导致物质流。不寻常的是，无压差时温差也可导致物质流即对流，无温差时压差也可导致热流。昂萨格关系是此类耦合输运过程中输运系数间的对称关系。作为哈密顿量时间反演不变性的结果，其证明基于：（1）含时涨落理论；（2）时间反演不变；（3）围绕平衡态的涨落，与相对于平衡的宏观偏离，平均而言遵从同样的衰减规律即流体力学方程。

记热力学广义力为 X_i 和广义位移为 x_i。广义位移 x_i 的流 $\mathrm{d}\boldsymbol{x}/\mathrm{d}t = \boldsymbol{J}$ 满足唯象定律，例如电流的欧姆定律。对偶量通常对内能而言，昂萨格考虑关于熵 S 的对偶量：涨落量 x_i 及其对偶量 X_i，$\mathrm{d}S = -\sum_i X_i \mathrm{d}x_i$。记

$$\sigma_{ij} \equiv \partial X_i/\partial x_j, \quad X_i \equiv -\partial S/\partial x_i = \sum_k \sigma_{ik}x_k, \quad \rightarrow$$
$$\sigma_{ij} = -\partial^2 S/\partial x_i \partial x_j = \sigma_{ji}.$$

在平衡态中，由体系熵极大应有 $x_i = 0$，所以，出现涨落 $\boldsymbol{x}$ 的概率正比于 $\mathrm{e}^{S(\boldsymbol{x})}$，是高斯分布 $W(\boldsymbol{x}) = \sqrt{\det(\sigma_{i,j})}(2\pi)^{-n/2}\mathrm{e}^{-\frac{1}{2}\sum_{i,j}x_i\sigma_{ij}x_j}$。注意到 $\boldsymbol{a} = \int \mathrm{d}\boldsymbol{x}^n\, \boldsymbol{x}\, W(\boldsymbol{x}-\boldsymbol{a})$，有

$$\frac{\partial a_i}{\partial a_k} = \int \mathrm{d}\boldsymbol{x}^n x_i \sum_j \sigma_{kj}(x_j - a_j)W(\boldsymbol{x}-\boldsymbol{a}) = \delta_{ik}.$$

在上式中取 $\boldsymbol{a} = 0$, 可证 $\langle x_i X_k \rangle = \left\langle x_i \sum_j \sigma_{kj} x_j \right\rangle = \delta_{ik}$。

非平衡小偏离 x_i 满足线性关系。假设弛豫近似成立, 只须考虑线性项, 即 $\dot{x}_i = -\sum_k \lambda_{ik} x_k$, 记 $\bar{\boldsymbol{\sigma}}$ 为 $\boldsymbol{\sigma}$ 的逆矩阵, 则

$$\dot{x}_i = -\sum_{j,k} \lambda_{ik} \bar{\sigma}_{kj} X_j = -\sum_j \gamma_{ij} X_j, \quad \gamma_{ij} \equiv \sum_k \lambda_{ik} \bar{\sigma}_{kj}.$$

昂萨格倒易关系表现为 $\boldsymbol{\gamma}$ 是对称阵, 以下予以证明。

在弛豫近似框架下可以计及可能的随机力。简单起见, 考虑单分量情形。弛豫近似 $\dot{x} = -\lambda x$ 给出 $x(t) = x(0) \mathrm{e}^{-\lambda t}$, 弛豫时间为 λ^{-1}。计及随机力 η 后的修正为 $\dot{x} = -\lambda x + \eta$, 有形式解 $x(t) = \mathrm{e}^{-\lambda t} \int_{-\infty}^t \mathrm{d}t' \, \eta(t') \mathrm{e}^{\lambda t'}$, 此处随机力 η 必须有关联函数 $\langle \eta(0) \eta(t) \rangle = 2\lambda \langle x^2 \rangle \delta(t) = 2\lambda \beta^{-1} \delta(t)$, 以保证 $\langle x(\tau) x(t+\tau) \rangle = \langle x^2 \rangle \mathrm{e}^{-\lambda t}$。推广单分量的结果到多分量, 则关联函数 $C_{ij} = \langle \xi_i(0) \xi_j(t) \rangle$ 满足 $\dot{C}_{ij}(t) = -\sum_k \lambda_{ik} C_{kj}(t)$。

昂萨格倒易关系的微观基础是涨落关联的时间反演对称性。记在时刻 t 涨落量 x_i 的平均值和 X_i 的平均值分别为 $\xi_i(t)$ 和 $\Xi_i(t)$, 由 x_i 和 X_j 间的关系, 应有

$$\dot{\xi}_i(t) = -\sum_k \gamma_{ik} \Xi_k(t) \qquad (t > 0).$$

如果涨落在时间反演下对称, 即

$$\langle x_i(t) x_k(0) \rangle = \langle x_i(-t) x_k(0) \rangle = \langle x_i(0) x_k(t) \rangle, \quad \rightarrow \quad \langle \xi_i(t) x_k \rangle = \langle x_i \xi_k(t) \rangle,$$

此处是对 x_i 的初值分布求平均。对上式微分可得

$$\sum_j \gamma_{ij} \langle \Xi_j(t) x_k \rangle = \sum_j \gamma_{kj} \langle \Xi_j(t) x_i \rangle.$$

令 $t = 0$，则 $\Xi_i = X_i(0)$，上式化为 $\sum_j \gamma_{ij}\langle X_j x_k\rangle = \sum_j \gamma_{kj}\langle X_j x_i\rangle$。前面指出，初始的 x_i 满足高斯分布，且 $\langle X_j x_k\rangle = \delta_{jk}$，得 $\gamma_{ij} = \gamma_{ji}$，证明了昂萨格倒易关系。

7.5 玻耳兹曼输运理论

顾及内容的完整性，本节介绍传统的玻耳兹曼输运理论和流体力学方程。概率函数的刘维尔方程为

$$\frac{\partial}{\partial t}P(\boldsymbol{X}^N, t) = -\mathcal{H}P(\boldsymbol{X}^N, t), \quad \mathcal{H} = \sum_i \frac{\boldsymbol{p}_i}{m}\cdot\frac{\partial}{\partial \boldsymbol{q}_i} - \sum_{i<j}\hat{\Theta}_{ij},$$

$$\hat{\Theta}_{ij} = \frac{\partial\phi_{ij}}{\partial\boldsymbol{q}_i}\cdot\frac{\partial}{\partial\boldsymbol{p}_i} + \frac{\partial\phi_{ij}}{\partial\boldsymbol{q}_j}\cdot\frac{\partial}{\partial\boldsymbol{p}_j},$$

此处 ϕ_{ij} 为两体可加势。由之可导得 BBGKY 层级，其中最简单者为

$$\frac{\partial\rho}{\partial t} + \frac{\boldsymbol{p}_1}{m}\cdot\frac{\partial\rho}{\partial\boldsymbol{q}_1} = \int \mathrm{d}\boldsymbol{X}_2\hat{\Theta}_{12}\,\rho_2(\boldsymbol{X}_1, \boldsymbol{X}_2, t).$$

然而，由这样的方程不能解得单体分布 ρ，必须寻求近似方法。(注意：力学量 a 的刘维尔算符与分布 ρ 的刘维尔算符差一负号。BBGKY 层级考虑的动力学是轨道时间尺度的，并非是分布的长时间尺度，不能与 FP 方程之类描述相容。) 通常假定低密度下用单体分布 $\rho = f(r, p, t)$ 足以描述物理过程。然而，此假定是否充分，须由实验验证，并非易事。

7.5.1 动理论描述

设 $P_0(r)$ 为在间距 r 上无碰撞的概率，则 $P_0(r + \mathrm{d}r) = P_0(r)(1 - \mathrm{d}r/\lambda)$，此处 λ 为平均自由程。于是，$P_0(r) = \mathrm{e}^{-r/\lambda}$。考虑粒子 A 和 B 的碰撞。可发生碰撞的球形域的半径为 $d_{\mathrm{AB}} = (d_\mathrm{A} + d_\mathrm{B})/2$。引入质心系，

$$\boldsymbol{V}_{\mathrm{cm}} = (m_\mathrm{A}\boldsymbol{v}_\mathrm{A} + m_\mathrm{B}\boldsymbol{v}_\mathrm{B})/M_{\mathrm{AB}}, \quad \boldsymbol{v}_\mathrm{r} = \boldsymbol{v}_\mathrm{A} - \boldsymbol{v}_\mathrm{B},$$

$$M_{\mathrm{AB}} = m_{\mathrm{A}} + m_{\mathrm{B}}, \quad \mu_{\mathrm{AB}} = m_{\mathrm{A}} m_{\mathrm{B}} / M_{\mathrm{AB}},$$

则可证速度变换的雅可比 (Jacobian) 为 1, 且 $m_{\mathrm{A}} v_{\mathrm{A}}^2 + m_{\mathrm{B}} v_{\mathrm{B}}^2 = M_{\mathrm{AB}} V_{\mathrm{cm}}^2 + \mu_{\mathrm{AB}} v_{\mathrm{r}}^2$, $\langle v_{\mathrm{r}} \rangle = \sqrt{8T/\pi\mu_{\mathrm{AB}}}$。

单位时间单位体积的碰撞数 $\nu_{\mathrm{AB}} = n_{\mathrm{A}} n_{\mathrm{B}} \pi d_{\mathrm{AB}}^2 \langle v_{\mathrm{r}} \rangle$。考虑同种粒子, 有 $\nu_{\mathrm{AA}} = \frac{1}{2} n_{\mathrm{A}}^2 \pi d_{\mathrm{AA}}^2 \langle v_{\mathrm{r}} \rangle$ 及 $\lambda = \langle v \rangle \tau = \langle v \rangle / f_{\mathrm{AA}}$, 此处 $f_{\mathrm{AA}} = \nu_{\mathrm{AA}} / n_{\mathrm{A}}$ 为碰撞频率, τ 为碰撞间隔时间即自由飞行时间, 而 $\langle v_{\mathrm{r}} \rangle = \sqrt{2} \langle v \rangle$。

设想对部分粒子加标记, 设其粒子密度 $n_{\mathrm{t}}(z)$ 沿 z-方向变化。考虑原点处与 z 轴垂直的面元 $\mathrm{d}S$, 在 $\boldsymbol{r}$ 处体元 $\mathrm{d}V$ 内发生碰撞然后无碰撞地到达 $\mathrm{d}S$ 的标记粒子数为

$$\mathrm{d}n_{\mathrm{t}}(\boldsymbol{r}) = \frac{\langle v \rangle n_{\mathrm{t}}(z)\mathrm{d}V}{\lambda} \frac{\mathrm{d}S|\cos\theta|}{4\pi r^2} \mathrm{e}^{-r/\lambda},$$

此处 θ 为 $\boldsymbol{r}$ 与 z 轴的夹角, 右边第一因子是 $\mathrm{d}V$ 内单位时间发生的碰撞数, 第二因子是立体角, 指数因子为一路再无碰撞的几率。对 $\mathrm{d}V$ 积分, 得标记粒子沿 z 方向单位时间穿越 $\mathrm{d}S$ 的单位面积的净粒子数为

$$-\int_0^\infty \mathrm{d}r\, r^2 \int_0^\pi \sin\theta\, \mathrm{d}\theta \int_0^{2\pi} \mathrm{d}\phi\, \cos\theta \frac{\langle v \rangle n_{\mathrm{t}}(z) \mathrm{e}^{-r/\lambda}}{4\pi\lambda r^2} \approx -\frac{\langle v \rangle \lambda}{3} \left(\frac{\partial n_{\mathrm{t}}}{\partial z} \right)_0.$$

此处已对 $n_{\mathrm{t}}(z)$ 在平衡密度 n_{t0} 附近展开: $n_{\mathrm{t}}(z) = n_{\mathrm{t0}} + z(\partial n_{\mathrm{t}}/\partial z)_0 + \cdots$。上式可用自扩散系数 D 写成流的形式: $J_D(z) = -D\partial n_{\mathrm{t}}/\partial z$, 对照得 $D = \langle v \rangle \lambda / 3$, 则一般的三维形式即菲克定律可写作 $\boldsymbol{J}_D(\boldsymbol{r}) = -D\nabla_{\boldsymbol{r}} n_{\mathrm{t}}(\boldsymbol{r})$。结合连续性, 有

$$\partial n_{\mathrm{t}}(\boldsymbol{r}, t)/\partial t = -\boldsymbol{J}_D(\boldsymbol{r}, t) = D\nabla_{\boldsymbol{r}}^2 n_{\mathrm{t}}(\boldsymbol{r}, t).$$

更一般地, 考虑传输量为粒子性质 $A(z)$, 单位时间穿越单位面积的粒子数为 $n\langle v \rangle$, A 的净传输率为

$$n\langle v \rangle [A(z - \delta z) - A(z + \delta z)] = -2n\langle v \rangle \delta z\, \mathrm{d}A/\mathrm{d}z, \quad \rightarrow$$

$$J_A(z) = -bn\langle v\rangle\lambda\mathrm{d}A/\mathrm{d}z.$$

此处 b 为与 $A(z)$ 有关的常数。对于自扩散有 $A = n_\mathrm{t}(z)/n$, $b = 1/3$。对于黏滞性, $A(z) = m\langle v_y(z)\rangle$, 流 $J_A = J_{zy}$, 有 $J_{zy} = -\eta\mathrm{d}\langle v_y(z)\rangle/\mathrm{d}z$, 此处 $\eta = \dfrac{1}{3}nm\langle v\rangle\lambda$。对于热导, $A(z) = \dfrac{1}{2}m\langle v^2(z)\rangle = \dfrac{3}{2}T(z)$, 流 $J_A = J_Q$, 有 $J_Q = -K\mathrm{d}T/\mathrm{d}z$, 此处 $K = \dfrac{1}{2}n\langle v\rangle\lambda$, 进而 $K/\eta \approx c_v$。关于化学反应, 像 $A + B \to C + D$, 实际上存在与中间态 $(AB)^*$ 有关的激发, 只有满足 $\dfrac{1}{2}\mu_{AB}v_r^2 > \epsilon$ 的激发态才到达生成物, 因而 $\dot{N}_A = -K(\beta\epsilon)\nu_{AB}\mathrm{e}^{-\beta\epsilon}N_A N_B$。

7.5.2   线性化玻耳兹曼方程

记 Γ 为粒子的动量和可能的内部自由度。元散射过程 $\Gamma\Gamma_1 \to \Gamma'\Gamma_1'$ 的发生率为

$$\omega(\Gamma'\Gamma_1'|\Gamma\Gamma_1)f_2(\boldsymbol{r},\Gamma;\boldsymbol{r}_1,\Gamma_1)\mathrm{d}\Gamma\mathrm{d}\Gamma_1\mathrm{d}\Gamma'\mathrm{d}\Gamma_1',$$

$$f_2(\boldsymbol{r},\Gamma;\boldsymbol{r}_1,\Gamma_1) \approx f(\boldsymbol{r},\Gamma)f(\boldsymbol{r}_1,\Gamma_1),$$

此处 ω 为散射函数。存在时间反演和空间反演对称性时, 正逆过程的散射函数相等, 即应有 $\omega(\Gamma'\Gamma_1'|\Gamma\Gamma_1) = \omega(\Gamma\Gamma_1|\Gamma'\Gamma_1')$。无内部自由度时 $\Gamma = \boldsymbol{p}$。两体碰撞有总动量 $\boldsymbol{p}_1 + \boldsymbol{p}_2$ 守恒, 质心系中相对运动能量守恒表明 $\boldsymbol{p}_2' - \boldsymbol{p}_1' = |\boldsymbol{p}_2 - \boldsymbol{p}_1|\hat{\pi}$, 此处 $\hat{\pi}$ 为单位矢, 所以 $\boldsymbol{p}_{1,2}' = \dfrac{1}{2}(\boldsymbol{p}_1 + \boldsymbol{p}_2 \mp |\boldsymbol{p}_2 - \boldsymbol{p}_1|\hat{\pi})$, 即 $\boldsymbol{p}_1', \boldsymbol{p}_2'$ 由 $\boldsymbol{p}_1, \boldsymbol{p}_2$ 完全决定。最后写下碰撞项, 玻耳兹曼方程为

$$\frac{\partial f_1}{\partial t} + \dot{\boldsymbol{p}}_1 \cdot \frac{\partial f_1}{\partial \boldsymbol{p}_1} + \dot{\boldsymbol{r}} \cdot \frac{\partial f_1}{\partial \boldsymbol{r}} = \int \mathrm{d}\boldsymbol{p}_2 \int \mathrm{d}\Omega\, g\sigma(f_{1'}f_{2'} - f_1 f_2),$$

此处 g 为相对速率, $\sigma = \sigma(\theta, g)$ 为微分散射截面, $f_1 \equiv f(\boldsymbol{p}_1, \boldsymbol{r}, t)$, 余类推。(由玻耳兹曼方程出发, 引入 $\boldsymbol{v} = \langle\boldsymbol{p}/m\rangle$, $\boldsymbol{V} = \boldsymbol{p}/m - \boldsymbol{v}$ 和 $\boldsymbol{P} = mn\langle\boldsymbol{V}\boldsymbol{V}\rangle$ 等, 可导得流体力学方程即纳维–斯托克斯 (Navier-Stokes) 方

程。）线性化取 $f(\boldsymbol{p}, \boldsymbol{r}, t) = f^0(\boldsymbol{p})[1 + h(\boldsymbol{p}, \boldsymbol{r}, t)]$。考虑体系粒子同种，但标记为二成分 a 和 b 各半。引入 $h^{\pm} = h_a \pm h_b$，则无外场下，

$$\frac{\partial h_{1,a}}{\partial t} + \dot{\boldsymbol{r}} \cdot \frac{\partial h_{1,a}}{\partial \boldsymbol{r}} = \sum_{\gamma} \int \mathrm{d}\boldsymbol{p}_2 \int \mathrm{d}\Omega \, g\sigma f^0(\boldsymbol{p}_2)(h_{1',a} + h_{2',\gamma} - h_{1,a} - h_{2,\gamma}),$$

此处 $\gamma \in \{a, b\}$，推导中已用到平衡分布 $f^0(\boldsymbol{p}) = f_a^0(\boldsymbol{p}) = f_b^0(\boldsymbol{p})$，以及能量守恒的结果 $f^0(\boldsymbol{p}_{1'})f^0(\boldsymbol{p}_{2'}) = f^0(\boldsymbol{p}_1)f^0(\boldsymbol{p}_2)$。相应地，$h_{1,b}$ 有类似的方程。最终得

$$\frac{\partial h_1^{\pm}}{\partial t} + \dot{\boldsymbol{r}} \cdot \frac{\partial h_1^{\pm}}{\partial \boldsymbol{r}} = C_{\pm} h_1^{\pm}, \tag{7-8}$$

此处算符 $C_{\pm}$ 的定义如下：

$$C_+ \chi(\boldsymbol{p}_1) = 2 \int \mathrm{d}\boldsymbol{p}_2 \int \mathrm{d}\Omega \, g\sigma f^0(\boldsymbol{p}_2)(\chi_{1'} + \chi_{2'} - \chi_1 - \chi_2),$$

$$C_- \xi(\boldsymbol{p}_1) = 2 \int \mathrm{d}\boldsymbol{p}_2 \int \mathrm{d}\Omega \, g\sigma f^0(\boldsymbol{p}_2)(\xi_{1'} - \xi_1).$$

约定内积的定义为

$$\langle \phi, \psi \rangle \equiv \left(\frac{\beta}{2\pi m}\right)^{3/2} \int \mathrm{d}\boldsymbol{p} \, \mathrm{e}^{-\beta p^2/2m} \phi(\boldsymbol{p})\psi(\boldsymbol{p}).$$

本征方程 $C_+\Psi(\boldsymbol{p}) = \lambda\Psi(\boldsymbol{p})$ 有五个零本征值解：1, $\boldsymbol{p}$, $p^2/2m$，其余本征值皆负。（上述内积的约定相当于：对于本征右矢 $|\psi\rangle \sim \psi(\boldsymbol{p})$，本征左矢为 $\langle\psi| \sim f^0(\boldsymbol{p})\psi(\boldsymbol{p})$，于是，五个零本征矢彼此正交。）算符 C_+，如同角动量算符，其本征函数可因子化为 $\Psi_{rlm}(\boldsymbol{p}) = R_{rl}(p)Y_{lm}(\hat{\boldsymbol{p}})$，于是有 $h^+(\boldsymbol{p}) = \sum_{r,l,m} \mathrm{e}^{\lambda_{rl}t} A_{rlm}\Psi_{rlm}(\boldsymbol{p})$。算符 C_- 只有一个零本征值解 1。二成分的粒子密度差为

$$m(\boldsymbol{r}, t) = n_a(\boldsymbol{r}, t) - n_b(\boldsymbol{r}, t) = \int \mathrm{d}\boldsymbol{p} \, f^0(\boldsymbol{p})h^-(\boldsymbol{p}, \boldsymbol{r}, t),$$

其连续性方程为 $\partial m(\boldsymbol{r},t)/\partial t + \nabla_{\boldsymbol{r}}\boldsymbol{J}^D(\boldsymbol{r},t) = 0$，由二成分的玻耳兹曼方程有

$$\boldsymbol{J}^D(\boldsymbol{r},t) = \int \mathrm{d}\boldsymbol{p}\, \frac{\boldsymbol{p}}{m} f^0(\boldsymbol{p}) h^-(\boldsymbol{p},\boldsymbol{r},t),$$

此处碰撞项无贡献。用菲克定律 $\boldsymbol{J}^D = -D\nabla_r m(\boldsymbol{r},t)$，得

$$\partial m(\boldsymbol{r},t)/\partial t = D\nabla_{\boldsymbol{r}}^2 m(\boldsymbol{r},t).$$

引入傅里叶变换

$$m(\boldsymbol{r},t) = (2\pi)^{-4} \int \mathrm{d}\boldsymbol{k}\mathrm{d}\omega\, \mathrm{e}^{\mathrm{i}(\boldsymbol{k}\cdot\boldsymbol{r}-\omega t)} \hat{m}(\boldsymbol{k},\omega),$$

则 $-\mathrm{i}\omega\hat{m} + Dk^2\hat{m} = 0$，$\omega = -\mathrm{i}Dk^2$，$m(\boldsymbol{r},t) \sim \mathrm{e}^{\mathrm{i}\boldsymbol{k}\cdot\boldsymbol{r}-Dk^2 t}$。不妨令 $h^-(\boldsymbol{p},\boldsymbol{r},t) = \Psi_n(\boldsymbol{p},\boldsymbol{k})\mathrm{e}^{\mathrm{i}\boldsymbol{k}\cdot\boldsymbol{r}-\mathrm{i}\omega_n t}$，则

$$(C_- - \mathrm{i}k\boldsymbol{\kappa}\cdot\boldsymbol{p}/m)\Psi_n = -\mathrm{i}\omega_n\Psi_n,$$

此处 $\boldsymbol{\kappa} = \boldsymbol{k}/|k|$。考虑长波流体力学模，对 $k \sim 0$ 作瑞利–薛定谔 (Schrödinger) 微扰：

$$\omega_n = \omega_n^{(0)} + k\omega_n^{(1)} + \cdots, \quad \Psi_n = \Psi_n^{(0)} + k\Psi_n^{(1)} + \cdots,$$

以下标 1 记零本征值模，可得

$$\omega_1^{(0)} = 0, \quad \Psi_1^{(0)} = 1;$$
$$\omega_1^{(1)} = \langle\Psi_1^{(0)}|\boldsymbol{\kappa}\cdot\boldsymbol{p}/m|\Psi_1^{(0)}\rangle = 0, \quad \Psi_1^{(1)} = \mathrm{i}C_-^{-1}\boldsymbol{\kappa}\cdot\boldsymbol{p}/m\Psi_1^{(0)},$$
$$\omega_1^{(2)} = \langle\Psi_1^{(0)}|\boldsymbol{\kappa}\cdot\boldsymbol{p}/m|\Psi_1^{(1)}\rangle, \quad \Psi_1^{(2)} = \mathrm{i}C_-^{-1}\left[\boldsymbol{\kappa}\cdot\boldsymbol{p}/m\Psi_1^{(1)} - \omega_1^{(2)}\Psi_1^{(0)}\right]. \tag{7-9}$$

本征值 ω_1 有正确的流体力学行为，对照 $\omega = -\mathrm{i}Dk^2$ 可得 $D = \omega_1^{(2)}$。由碰撞算符 C_- 的零本征模，写粒子密度差流体力学方程，找到正则模，然后再由微扰法解玻耳兹曼方程，可得到频率或 D 的微观表达式。

问题 试由玻耳兹曼方程出发推导纳维--斯托克斯方程。

问题 证明算符 C_+ 是自伴的, 即证明 $\langle\phi, C_+\psi\rangle = \langle C_+\phi, \psi\rangle$。

7.5.2.1 流体力学方程的正则模频率

下一步是推导以上表达式中热导率等系数的微观表达式。玻耳兹曼碰撞算符 C_+ 的五个零本征模对应于五个线性化流体力学方程。为求得流体力学本征频率, 须先找到其正则模, 然后微扰解微观玻耳兹曼方程而得到频率的微观表达式。平均粒子密度定义为

$$n(\boldsymbol{r}, t) = \int \mathrm{d}\boldsymbol{p}\, f^0(\boldsymbol{p})[1 + h(\boldsymbol{p}, \boldsymbol{r}, t)].$$

因为 $C_+ 1 = 0$, 由玻耳兹曼方程,

$$\frac{\partial}{\partial t} n(\boldsymbol{r}, t) + \nabla_{\boldsymbol{r}} \cdot \boldsymbol{J}^n(\boldsymbol{r}, t) = 0,$$

$$\boldsymbol{J}^n(\boldsymbol{r}, t) \equiv \int \mathrm{d}\boldsymbol{p}\, \frac{\boldsymbol{p}}{m} f^0(\boldsymbol{p}) h(\boldsymbol{p}, \boldsymbol{r}, t) \equiv n(\boldsymbol{r}, t)\boldsymbol{v}(\boldsymbol{r}, t) \approx n_0 \boldsymbol{v}(\boldsymbol{r}, t),$$

此处 n_0 为平衡粒子密度。以上方程有连续性方程的形式:

$$\partial n(\boldsymbol{r}, t)/\partial t + n_0 \nabla_{\boldsymbol{r}} \cdot \boldsymbol{v}(\boldsymbol{r}, t) = 0,$$

它并无不可逆性, 不可逆性来自其他方程。注意到 $C_+ \boldsymbol{p} = 0$, 由玻耳兹曼方程 $\partial h_1/\partial t + \dot{\boldsymbol{r}} \cdot \nabla_{\boldsymbol{r}} h_1 = C_+ h_1$,

$$m\frac{\partial}{\partial t} \boldsymbol{J}^n(\boldsymbol{r}, t) = -\nabla_{\boldsymbol{r}} \cdot \boldsymbol{P}(\boldsymbol{r}, t), \quad \boldsymbol{P}(\boldsymbol{r}, t) = \frac{1}{m} \int \mathrm{d}\boldsymbol{p}\, f^0(\boldsymbol{p})\, \boldsymbol{p}\boldsymbol{p}\, h(\boldsymbol{p}, \boldsymbol{r}, t),$$

此处 $\boldsymbol{P}$ 为压强张量, 描述动量流, 含不可逆黏滞效应。

内能密度是热动能量 $[\boldsymbol{p} - m\boldsymbol{v}(\boldsymbol{r}, t)]^2/2m$ 的平均, 但在线性近似下 $\boldsymbol{v}(\boldsymbol{r}, t) = \langle \boldsymbol{p}/m\rangle$ 无贡献。对照连续性方程 $\partial u(\boldsymbol{r}, t)/\partial t = -\nabla_{\boldsymbol{r}} \cdot \boldsymbol{J}^u(\boldsymbol{r}, t)$, 由玻耳兹曼方程得内能密度 u 及其流

$$\boldsymbol{u}(\boldsymbol{r},t) = \int \mathrm{d}\boldsymbol{p}\, \frac{p^2}{2m} f^0(\boldsymbol{p})[1 + h(\boldsymbol{p},\boldsymbol{r},t)],$$

$$\boldsymbol{J}^u(\boldsymbol{r},t) = \int \mathrm{d}\boldsymbol{p}\, \frac{p^2}{2m}\frac{\boldsymbol{p}}{m} f^0(\boldsymbol{p})h(\boldsymbol{p},\boldsymbol{r},t),$$

引入单粒子内能 $e(\boldsymbol{r},t)$, 则 $\boldsymbol{u}(\boldsymbol{r},t) = \boldsymbol{n}(\boldsymbol{r},t)e(\boldsymbol{r},t)$, 在线性近似下, 有 $\delta \boldsymbol{u}\,(\boldsymbol{r},t) \approx n_0\delta e(\boldsymbol{r},t) + e_0\delta n(\boldsymbol{r},t)$。于是,

$$n_0\frac{\partial \boldsymbol{e}(\boldsymbol{r},t)}{\partial t} + e_0\frac{\partial \boldsymbol{n}(\boldsymbol{r},t)}{\partial t} = -\nabla_r \cdot \boldsymbol{J}^u(\boldsymbol{r},t).$$

流 $\boldsymbol{J}^u$ 含不可逆热导效应。

黏滞导致速度波动衰减, 压强梯度导致流动, 压强张量应体现此二效应, 将之分为零迹和对角分量, 可写作如下形式:

$$P_{ij}(\boldsymbol{r},t) = P(\boldsymbol{r},t)\delta_{ij} - \zeta\delta_{ij}\nabla_r \cdot \boldsymbol{v} - \eta\left(\frac{\partial v_i}{\partial x_j} + \frac{\partial v_j}{\partial x_i} - \frac{2}{3}\delta_{ij}\nabla_r \cdot \boldsymbol{v}\right),$$

$$mn_0\frac{\partial}{\partial t}\boldsymbol{v}(\boldsymbol{r},t) = -\nabla_r P + \eta\nabla_r^2\boldsymbol{v}(\boldsymbol{r},t) + \left(\zeta + \frac{1}{3}\eta\right)\nabla_r[\nabla_r \cdot \boldsymbol{v}(\boldsymbol{r},t)].$$

此处 ζ 为体黏滞系数, η 为剪黏滞系数。在线性近似下能量流有如下形式:

$$\boldsymbol{J}^u(\boldsymbol{r},t) = n_0e_0\boldsymbol{v}(\boldsymbol{r},t) + P_0\boldsymbol{v}(\boldsymbol{r},t) - K\nabla_r T(\boldsymbol{r},t),$$

$$n_0\partial e(\boldsymbol{r},t)/\partial t = -P_0\nabla_r \cdot \boldsymbol{v}(\boldsymbol{r},t) + K\nabla_r^2 T(\boldsymbol{r},t),$$

此处 P_0 为平衡压强, K 为热导。利用 $\mathrm{d}e = T\mathrm{d}s + (P/n^2)\mathrm{d}n$, 以上的后一方程可简化为 $n_0T_0\partial s(\boldsymbol{r},t)/\partial t = K\nabla_r^2 T(\boldsymbol{r},t)$。至此得到五个线性化矩方程即流体力学方程, 含七个变量, 但仅五个独立, 可将 $n(\boldsymbol{r},t)$ 和 $T(\boldsymbol{r},t)$ 展开为 $P(\boldsymbol{r},t)$ 和 $s(\boldsymbol{r},t)$ 的函数:

$$n(\boldsymbol{r},t) = n_0 + n_P^0 P(\boldsymbol{r},t) + n_s^0 s(\boldsymbol{r},t), \quad T(\boldsymbol{r},t) = T_0 + T_P^0 P(\boldsymbol{r},t) + T_s^0 s(\boldsymbol{r},t),$$

此处 $n_s^0 \equiv (\partial n(s,P)/\partial s)_P^0$，余类推。最终得

$$
\begin{bmatrix}
n_s^0 \partial_t & n_P^0 \partial_t & n_0(\nabla_r \cdot) \\
0 & -\nabla_r & \begin{aligned} &-mn_0\partial_t + \eta\nabla_r^2 + \\ &\left(\zeta + \tfrac{1}{3}\eta\right)\nabla_r(\nabla_r\cdot) \end{aligned} \\
T_0 n_0 \partial_t - KT_s^0\nabla_r^2 & -KT_P^0\nabla_r^2 & 0
\end{bmatrix}
\begin{bmatrix} s \\ P \\ \boldsymbol{v} \end{bmatrix} = 0,
$$

此处 $\partial_t \equiv \partial/\partial t$。理想流体的所有输运系数为零，有 $m\partial_t^2 P - (\partial P/\partial n)_s^0 \nabla_r^2 P = 0$，且其声速 c_0 满足 $mc_0^2 = (\partial P/\partial n)_s^0 \equiv (P_n)_s^0$。线性方程解可只考虑单色傅里叶分量，如 $P(\boldsymbol{r},t) = P_{\boldsymbol{k}}(\omega)\mathrm{e}^{\mathrm{i}(\boldsymbol{k}\cdot\boldsymbol{r}-\omega t)}$。记 $\boldsymbol{v} = \boldsymbol{v}^\perp + v^\parallel \boldsymbol{\kappa}$，此处 $\boldsymbol{v}^\perp \cdot \boldsymbol{k} = 0$。对于横向模 $\boldsymbol{v}^\perp$，有 $(-\mathrm{i}mn_0\omega + k^2\eta)\boldsymbol{v}^\perp(\omega) = 0$，因而，

$$
\omega = -\mathrm{i}\eta k^2/mn_0, \tag{7-10}
$$

剪切波类似于扩散波而衰减。熵、压强和纵模的耦合方程有解的条件为行列式

$$
\begin{vmatrix}
n_s^0\omega & n_P^0\omega & n_0 k \\
0 & -k & -mn_0\omega + \mathrm{i}k^2\left(\zeta + \tfrac{4}{3}\eta\right) \\
T_0 n_0\omega + \mathrm{i}k^2 KT_s^0 & \mathrm{i}k^2 KT_P^0 & 0
\end{vmatrix} = 0.
$$

利用 $c_P = T(s_T)_P^0$，$c_v = T(s_T)_n^0$，$(T_P)_s^0(n_s)_P^0(P_n)_s^0 = (T_s)_P^0 - (T_s)_n^0 = -T(1/c_v - 1/c_P)$，行列式可化为

$$
\left(\omega + \frac{\mathrm{i}k^2 K}{n_0 c_P}\right)\left\{\omega^2 - k^2 c_0^2 + \frac{\mathrm{i}\omega k^2}{mn_0}\left[\frac{4}{3}\eta + \zeta + mK\left(\frac{1}{c_v} - \frac{1}{c_P}\right)\right]\right\}
$$
$$
- \frac{\omega k^4 K}{mn_0^2}\left(\frac{1}{c_v} - \frac{1}{c_P}\right)\left(\frac{4}{3}\eta + \zeta - \frac{mK}{c_P}\right) = 0.
$$

展开至 k^2，得

$$
\omega_1 = -\mathrm{i}\left(\frac{Kk^2}{n_0 c_P}\right), \quad \omega_\pm = \pm c_0 k - \frac{\mathrm{i}k^2}{2mn_0}\left[\frac{4}{3}\eta + \zeta + mK\left(\frac{1}{c_v} - \frac{1}{c_P}\right)\right].
$$

对应于 ω_1 的解：$s_{\boldsymbol{k}}(\omega) \sim 1$，$v_{\boldsymbol{k}}^{\parallel}(\omega) \sim k$，$P_{\boldsymbol{k}}(\omega) \sim k^2$，表明频率 ω_1 的波以熵（热）波主导。对应于 $\omega_{\pm}$ 的解：$s_{\boldsymbol{k}} \sim k$，$v_{\boldsymbol{k}}^{\parallel} \sim P_{\boldsymbol{k}} \sim 1$，表明频率 $\omega_{\pm}$ 的波为压强波或纵（声）波，这些波传播但最终衰减。

问题　五个线性化流体力学方程对于单色傅里叶分量解退化为代数方程，请推导该方程并验证正文给出的解存在条件。

7.5.2.2　玻耳兹曼方程的本征频率

现在需要推导系数 K, η 等的微观表达式。不妨令本征矢 $h(\boldsymbol{p}, \boldsymbol{r}, t) = \Psi_n(\boldsymbol{p}, \boldsymbol{k}) \mathrm{e}^{\mathrm{i}(\boldsymbol{k} \cdot \boldsymbol{r} - \omega_n t)}$，则本征方程为

$$\left(C_+ - \mathrm{i} k \boldsymbol{\kappa} \cdot \boldsymbol{p}/m\right) \Psi_n = -\mathrm{i} \omega_n \Psi_n.$$

为求得 ω_n 按 k 的幂次展开的微扰解，先解算符 C_+ 的未微扰本征问题

$$C_+ \phi_n = -\mathrm{i} \omega_n^0 \phi_n.$$

它有五重简并的零本征值，其正交本征矢为

$$\phi_1 = 1, \quad \phi_{2,3,4} = \sqrt{\frac{\beta}{m}} p_{x,y,z}, \quad \phi_5 = \sqrt{\frac{2}{3}} \left(-\frac{3}{2} + \frac{\beta}{2m} p^2\right).$$

将零本征矢统一记作 ϕ_{α}。简并微扰由定出适当的线性组合 $\Psi_{\alpha}^{(0)} = \sum_{\alpha'} c_{\alpha\alpha'} \phi_{\alpha'}$ 开始，然后设

$$\Psi_{\alpha} = \Psi_{\alpha}^{(0)} + k\Psi_{\alpha}^{(1)} + \cdots, \quad \omega_{\alpha} = \omega_{\alpha}^{(0)} + k\omega_{\alpha}^{(1)} + \cdots.$$

一阶的结果为

$$C_+ \Psi_{\alpha}^{(1)} = \mathrm{i}(-\omega_{\alpha}^{(1)} + \boldsymbol{\kappa} \cdot \boldsymbol{p}/m)\Psi_{\alpha}^{(0)}.$$

考虑到 C_+ 为自伴的，方程左乘 $\langle \phi_{\alpha'}|$ 得

$$\omega_{\alpha}^{(1)} \langle \phi_{\alpha'}, \Psi_{\alpha}^{(0)} \rangle = \langle \phi_{\alpha'}, (\boldsymbol{\kappa} \cdot \boldsymbol{p}/m)\Psi_{\alpha}^{(0)} \rangle,$$

上式可写成 $\omega_\alpha^{(1)} c_{\alpha\alpha'} = \sum_{\alpha''} W_{\alpha'\alpha''} c_{\alpha\alpha''}$，此处 $W_{\alpha'\alpha} = \langle \phi_{\alpha'}, (\boldsymbol{\kappa} \cdot \boldsymbol{p}/m) \phi_\alpha \rangle$。令 $\boldsymbol{\kappa}$ 沿 x-轴，直接计算得 $W_{12} = W_{21} = \sqrt{1/m\beta}$，$W_{25} = W_{52} = \sqrt{2/3m\beta}$，其余为零。由定解条件 $\det(\boldsymbol{W} - \omega_\alpha^{(1)} \boldsymbol{1}) = 0$，得

$$\omega_1^{(1)} = -\omega_2^{(1)} = \sqrt{5/3m\beta} = c_0, \quad \omega_3^{(1)} = \omega_4^{(1)} = \omega_5^{(1)} = 0.$$

再解得相应的五个正交零级展开矢，具体展开系数分别为

$$(\sqrt{3/10}, \pm 1, 0, 0, \sqrt{1/3}), \ (0, 0, 1, 0, 0),$$
$$(0, 0, 0, 1, 0), \ (-\sqrt{2/5}, 0, 0, 0, \sqrt{3/5}),$$

进而可求得二级频率 $\omega_\alpha^{(2)}$。对照流体力学方程，可识别出 $\omega_{1,2}$ 为声模，$\omega_3 = \omega_4$ 为剪切模，而 ω_5 为熵（或热）模。例如，类似于式 (7-9)，求得

$$\omega_3 = k^2 \omega_3^{(2)} = \mathrm{i}k^2 \langle \phi_3 (p_x/m) C_+^{-1} (p_x/m) \phi_3 \rangle,$$

再对照式 (7-10) 可写下 η 的表达式。结果（另包括扩散系数）可表作

$$D = -\frac{1}{m^2} \langle p_x D_x \rangle, \quad \eta = -\frac{n_0 \beta}{m^2} \langle p_y p_x B_{xy} \rangle,$$
$$K = -\frac{n_0}{m^2} \left\langle \left(\frac{p^2 \beta}{2m} - \frac{5}{2} \right) p_x A_x \right\rangle,$$

此处的 D_x，B_{xy} 和 A_x 满足

$$C_- D_x = p_x, \quad C_+ B_{xy} = p_x p_y, \quad C_+ A_x = (p^2 \beta/2m - 5/2) p_x.$$

为求得输运系数，须用到如下的索南 (Sonine) 多项式 $S_m^n(x)$

$$S_m^n(x) = \sum_{p=0}^{n} \frac{\Gamma(m+n+1)(-x)^p}{\Gamma(m+p+1)(n-p)!p!},$$
$$\int_0^\infty \mathrm{d}x \, \mathrm{e}^{-x} x^m S_m^p(x) S_m^q(x) = \frac{\Gamma(m+p+1)}{p!} \delta_{p,q},$$

以之展开求解 D_x, A_x 和 B_{xy}, 再计算输运系数。以 A_x 为例, 记 $\xi = \beta p^2/2m$, $A_x = \sum_{r=0}^{\infty} a_r S_{3/2}^r(\xi) p_x$, 注意到 $S_{3/2}^0(\xi) = 1$, $S_{3/2}^1(\xi) = \frac{5}{2} - \xi$, 则 A_x 的方程 $C_+ A_x = -S_{3/2}^1(\xi) p_x$ 可写成

$$\sum_{r=0}^{\infty} M_{qr} a_r = \alpha_q, \quad M_{qr} = \langle p_x | S_{3/2}^q C_+ S_{3/2}^r | p_x \rangle, \quad \alpha_q = -\langle S_{3/2}^q p_x^2 S_{3/2}^1 \rangle.$$

可证 $M_{0r} = M_{q0} = 0$, $r = 0$ 项对热导 K 无贡献, 不妨令 $a_0 = 0$, 得 $a_1 = -5m/4\beta M_{11}$, 其余 $a_q = 0$, 最终得 $K = 5n_0 T a_1/4m$。

输运系数如 η 可写成关联函数的形式。引入 $J_{xy} = p_x p_y/m = p_x v_y$, 形式上 $B_{xy} = C_+^{-1} p_x p_y = -m \int_0^{\infty} d\tau\, e^{C_+ \tau} J_{xy}$, 所以

$$\eta = n_0 \beta \left(\frac{\beta}{2\pi m}\right)^{3/2} \int d\boldsymbol{p}\, e^{-\beta p^2/2m} \int_0^{\infty} d\tau\, J_{xy} e^{C_+ \tau} J_{xy}$$

$$= n_0 \beta \int_0^{\infty} d\tau\, \langle J_{xy} J_{xy}(\tau) \rangle_0,$$

此处记 $J_{xy}(\tau) \equiv e^{C_+ \tau} J_{xy}$。另外, 值得注意, 以上解的数学结构包括从五重简并零模到声模、剪切模和熵模的微扰, 对碰撞算符的细节并不敏感。

7.6　分布演化动力学

体系的统计力学状态是支在微观相空间上的分布函数。统计力学考虑的时间尺度, 比 (6N-维相空间中的) 分子轨道微观动力学时间尺度大许多。吉布斯系综理论不含时间, 约定了平衡分布函数的写法, 只说明平衡态的自由能与非平衡分布的自由能相比最小, 但并不指示趋于平衡。吉布斯理论中轨道演化和分布演化的时间尺度彼此分离的原则, 也适用于一般分布或非平衡分布。从吉布斯平衡系综理论继续前行, 是描写分布演化, 需要引入新的原理。

7.6.1 细致均衡条件和主方程

体系的分布演化动力学，以主方程描述最为自然且直接。演化方程的两个必要条件是：满足概率守恒且平衡分布为其定态解。第 1 章中提到，分布演化的主方程由转移概率 $T(z \to z')$ 限定：

$$P_{t+1}(z) = \int \mathrm{d}z' \, P_t(z')T(z' \to z), \tag{7-11}$$

此处以 z 简记微观组态，转移概率 $T(z \to z')$ 完全决定于体系哈密顿量，满足如下细致均衡条件：

$$P_{\mathrm{eq}}(z')T(z' \to z) = P_{\mathrm{eq}}(z)T(z \to z'),$$

$$\frac{T(z \to z')}{T(z' \to z)} = \frac{P_{\mathrm{eq}}(z')}{P_{\mathrm{eq}}(z)} = \frac{\mathrm{e}^{-\beta H(z')}}{\mathrm{e}^{-\beta H(z)}}. \tag{7-12}$$

上述分布动力学保证体系趋于正则平衡分布 $P_{\mathrm{eq}}(z)$。于是，统计力学的基本原理可表述如下：处于热库或环境中的体系，其分布函数演化的动力学由满足细致均衡条件 (7-12) 的主方程 (7-11) 描述。值得指出，这里的细致均衡条件是对原始的 $6N$-维变量而言的，虽然在约化变量空间里细致均衡条件未必成立。

转移概率矩阵 T 有本征右矢 $\mathbf{1}$。如果 T 是不可约的，则由沛隆–弗罗贝纽斯 (Perron-Frobenius) 定理知，其谱半径为 1，相应于本征右矢 $\mathbf{1}$ 的本征左矢为正矢量，给出平衡分布。有限马尔科夫链的推广是紧致转移算符理论。另外，离散时间也可推广为连续时间。

转移概率 $T(z \to z')$ 作为算符通常不是厄米的。引入如下的厄米化算符 τ 比较方便：

$$\tau(z, z') \equiv \sqrt{\frac{P_{\mathrm{eq}}(z)}{P_{\mathrm{eq}}(z')}} T(z \to z').$$

由细致均衡条件可证，$\tau(\boldsymbol{z}, \boldsymbol{z}') = \tau(\boldsymbol{z}', \boldsymbol{z}) = \tau^\dagger(\boldsymbol{z}, \boldsymbol{z}')$，即 τ 的厄米性与细致均衡等价。将 $\tau(\boldsymbol{z}, \boldsymbol{z}')$ 的本征值为 λ 的归一本征左、右矢分别记作 $\langle\phi_\lambda(\boldsymbol{z})|$ 和 $|\phi_\lambda(\boldsymbol{z})\rangle$，则

$$\langle\phi_\lambda(\boldsymbol{z}_{t+1})| = \langle\phi_\lambda(\boldsymbol{z}_t)|\tau(\boldsymbol{z}_t, \boldsymbol{z}_{t+1}) = \lambda\langle\phi_\lambda(\boldsymbol{z}_t)|,$$

$$|\phi_\lambda(\boldsymbol{z}_{t+1})\rangle = \tau(\boldsymbol{z}_{t+1}, \boldsymbol{z}_t)|\phi_\lambda(\boldsymbol{z}_t)\rangle = \lambda|\phi_\lambda(\boldsymbol{z}_t)\rangle. \tag{7-13}$$

将 T 的本征值为 λ 的本征左、右矢分别记作 $\Phi_\lambda(\boldsymbol{z})$ 和 $\Psi_\lambda(\boldsymbol{z})$，则 $\Phi_1(\boldsymbol{z}) = P_{\text{eq}}(\boldsymbol{z})$，且可以验证 $\langle\Phi_\lambda(\boldsymbol{z})| = \phi_1(\boldsymbol{z})\langle\phi_\lambda(\boldsymbol{z})|$，$|\Psi_\lambda(\boldsymbol{z})\rangle = [\phi_1(\boldsymbol{z})]^{-1}|\phi_\lambda(\boldsymbol{z})\rangle$，特别地，$\phi_1^2(\boldsymbol{z}) = \Phi_1(\boldsymbol{z})$，即 $\phi_1(\boldsymbol{z}) = \sqrt{P_{\text{eq}}(\boldsymbol{z})}$。进一步有 τ 和 T 的如下谱分解：

$$\tau(\boldsymbol{z}_t, \boldsymbol{z}_{t+1}) = \sum_\lambda \lambda|\phi_\lambda(\boldsymbol{z}_t)\rangle\langle\phi_\lambda(\boldsymbol{z}_t)|, \quad \rightarrow$$

$$T(\boldsymbol{z}_t \rightarrow \boldsymbol{z}_{t+1}) = \frac{\phi_1(\boldsymbol{z}_{t+1})}{\phi_1(\boldsymbol{z}_t)} \sum_\lambda \lambda|\Psi_\lambda(\boldsymbol{z}_t)\rangle\langle\Phi_\lambda(\boldsymbol{z}_t)|.$$

对于连续时间，式 (7-13) 可一般化为 $|\phi_\lambda(\boldsymbol{z}_t)\rangle = \lambda^t|\phi_\lambda(\boldsymbol{z}_0)\rangle$，$\langle\phi_\lambda(\boldsymbol{z}_t)| = \lambda^t\langle\phi_\lambda(\boldsymbol{z}_0)|$。

　　重新考虑前面讨论过的线性响应理论的例子，通过施加与 A 耦合的外场 h 引入扰动 $\Delta\mathcal{H} = -hA$ 直至时刻 $t = 0$，此时的分布 $P_0(\boldsymbol{z}_0) = Z_{0+}^{-1}e^{-\beta(\mathcal{H}_0 + \Delta\mathcal{H}_0)}$，此处 $\mathcal{H}_0 \equiv \mathcal{H}(\boldsymbol{z}_0)$，$Z_{0+} \equiv \text{Tr}\,e^{-\beta(\mathcal{H}_0 + \Delta\mathcal{H}_0)}$。在 $t = 0$ 时刻 $\Delta\mathcal{H}$ 已关闭，$A(\boldsymbol{z}_0)$ 在 $\mathcal{H}$ 之下变到 $A(t) \equiv A(\boldsymbol{z}_t)$，$P_0(\boldsymbol{z}_0)$ 变到 $P_t(\boldsymbol{z}_t)$。设变量 $A(\boldsymbol{z})$ 的本征矢展开为

$$A(\boldsymbol{z}) = \sum_{\mu,\nu} a_{\mu\nu}|\phi_\mu(\boldsymbol{z})\rangle\langle\phi_\nu(\boldsymbol{z})|, \quad a_{\mu\nu} \equiv \langle\phi_\mu(\boldsymbol{z})|A(\boldsymbol{z})|\phi_\nu(\boldsymbol{z})\rangle.$$

引入简单记号：对于 $\boldsymbol{z}$ 的任意函数 $G(\boldsymbol{z})$，记 $G(\boldsymbol{z}_0) \equiv G$，$G(\boldsymbol{z}_t) \equiv G^t$。记 $Z_0 = \text{Tr}\,e^{-\beta\mathcal{H}_0}$，则

$$Z_{0+} = \mathrm{Tr}\left[\mathrm{e}^{-\beta(\mathcal{H}_0 + \Delta\mathcal{H}_0)}\right] \approx Z_0 \mathrm{Tr}\left[|\phi_1\rangle\langle\phi_1| \left(1 + \beta h \sum_{\mu,\nu} a_{\mu\nu}|\phi_\mu\rangle\langle\phi_\nu|\right)\right]$$

$$= Z_0\left(1 + \beta h a_{11}\right).$$

类似地，变量 $A(t)$ 在 $P_t(\boldsymbol{z}_t)$ 下的平均为

$$\bar{A}(t) \equiv \int \mathrm{d}\boldsymbol{z}_t\, P_t(\boldsymbol{z}_t) A(\boldsymbol{z}_t)$$

$$= \frac{1}{Z_{0+}} \int \mathrm{d}\boldsymbol{z}_t \int \mathrm{d}\boldsymbol{z}_0\, \mathrm{e}^{-\beta\Delta\mathcal{H}_0}\mathrm{e}^{-\beta\mathcal{H}_0} T(\boldsymbol{z}_0 \to \boldsymbol{z}_t) A(\boldsymbol{z}_t)$$

$$\approx \frac{Z_0}{Z_{0+}} \mathrm{Tr}\left[|\phi_1\rangle\langle\phi_1| \left(1 + \beta h \sum_{\mu,\nu} a_{\mu\nu}|\phi_\mu\rangle\langle\phi_\nu|\right)\right.$$

$$\left. \cdot \frac{\phi_1^t}{\phi_1} \sum_\lambda \lambda^t |\phi_\lambda\rangle\langle\phi_\lambda| \sum_{\mu',\nu'} a_{\mu'\nu'} \left|\phi_{\mu'}^t\right\rangle\left\langle\phi_{\nu'}^t\right|\right]$$

$$= \frac{Z_0}{Z_{0+}}\left[a_{11} + \beta h \sum_\lambda \lambda^t a_{1\lambda} a_{\lambda 1}\right] \approx a_{11} + \beta h\left(\sum_\lambda \lambda^t a_{1\lambda} a_{\lambda 1} - a_{11}^2\right).$$

考虑到

$$\langle A \rangle \equiv \mathrm{Tr}\left[P_{\mathrm{eq}} A\right] = \mathrm{Tr}\left[|\phi_1\rangle\langle\phi_1| \sum_{\mu,\nu} a_{\mu\nu}|\phi_\mu\rangle\langle\phi_\nu|\right] = a_{11},$$

$$\langle AA^t \rangle = \mathrm{Tr}\left(|\phi_1\rangle\langle\phi_1| \sum_{\mu',\nu'} a_{\mu'\nu'}|\phi_{\mu'}\rangle\langle\phi_{\nu'}| \sum_{\mu,\nu} a_{\mu\nu}\mu^t\nu^t|\phi_\mu\rangle\langle\phi_\nu|\right)$$

$$= \sum_\nu \nu^t a_{1\nu} a_{\nu 1}.$$

引入 $\delta A \equiv A - \langle A \rangle$，最后重新得线性响应结果式 (7-5)：

$$\Delta\bar{A}(t) \equiv \bar{A}(t) - \langle A \rangle = \beta h\left(\langle AA^t\rangle - \langle A\rangle^2\right) = \beta h\langle\delta A\,\delta A^t\rangle.$$

下一个可考虑的情形，也许是分别与高、低温 $(\beta_\mp)$ 热库接触的体系。如果考察输运问题，则一般必须处理非均匀体系。局域平衡近似是

常用的合理近似，可用于构建分布函数。往往也假定体系充分搅拌等以
避免处理空间非均匀，特别是在讨论化学反应体系时。

从关于蒙特卡罗分布采样的梅特罗波利斯–黑斯廷斯算法的描述中
知，在细致均衡条件的约束下转移概率可有多种选择，例如在约定近邻
的含义之后可限定仅访问紧近邻或是包括次近邻。显然，转移概率的不
同选择将影响分布演化的细节，但不影响像线性响应这样的关系。另外，
由主方程 (7-11) 出发，可用如投影算符等技巧得到约化分布函数的演化
方程。可以预料，这样的方程与由刘维尔方程出发导得的 BBGKY 级联
未必等同，可能含如平均场的有效势，而不只是原始的"裸势"。

7.6.2　贾辛斯基等式

贾辛斯基 (Jarzynski) 提出所谓的自由能差的非平衡等式。考虑始
终与温度为 β^{-1} 的热库保持接触的体系。以集体变量 $\boldsymbol{z}$ 记体系的状态。
体系哈密顿量 $H_\lambda(\boldsymbol{z})$ 含有参数 $\lambda = \lambda(t)$，为时间 t 的单值函数。当 λ 由
0 变到 1 时，体系状态由 $\boldsymbol{z}_0$ 变到 $\boldsymbol{z}_n$，哈密顿量由 $H_0(\boldsymbol{z}_0)$ 变到 $H_n(\boldsymbol{z}_n)$，
此过程中外界对体系做的功为 $W = \Delta H = H_n(\boldsymbol{z}_n) - H_0(\boldsymbol{z}_0)$。因为 $\boldsymbol{z}_0$
和 $\boldsymbol{z}_n$ 为随机量，W 也是随机量。设体系的初、终态分别为对应于 H_0 和
H_n 的正则分布的平衡态。贾辛斯基等式说，

$$\langle \mathrm{e}^{-\beta W} \rangle_0 \equiv \int \mathrm{d}\boldsymbol{z}_0 \, f_0(\boldsymbol{z}_0) \mathrm{e}^{-\beta W} = \int \mathrm{d}\boldsymbol{z}_0 \, \frac{1}{Z_0} \mathrm{e}^{-\beta H_0(\boldsymbol{z}_0)} \mathrm{e}^{-\beta W} = \mathrm{e}^{-\beta \Delta F} = Z_n/Z_0,$$

$$(7\text{-}14)$$

此处 Z_0 和 Z_n 分别为对应于 $H_0 = H_\lambda|_{\lambda=0}$ 和 $H_n = H_\lambda|_{\lambda=1}$ 的正则配分
函数，ΔF 为自由能差。其实上述平均应该是对于从 $\boldsymbol{z}_0$ 到 $\boldsymbol{z}_n$ 的所有可
能过程或"轨道"的平均，将在以下说明。

设体系从 $\boldsymbol{z}_0$ 变到 $\boldsymbol{z}_n$ 的参数驱动过程可以用不断细化的时间离散

过程逼近。考虑如图 7.1 所示的一条轨道 $(\boldsymbol{z}_0, \boldsymbol{z}_1, \cdots, \boldsymbol{z}_n)$，在时刻 t_k 体系哈密顿量由 H_{k-1} 变到 H_k，然后直至 t_{k+1} 保持不变。对应于 H_k 的转移算符 T_k 满足细致均衡条件

$$\frac{T_k(\boldsymbol{z} \to \boldsymbol{z}')}{T_k(\boldsymbol{z}' \to \boldsymbol{z})} = \frac{\mathrm{e}^{-\beta H_k(\boldsymbol{z}')}}{\mathrm{e}^{-\beta H_k(\boldsymbol{z})}}, \quad \int \mathrm{d}\boldsymbol{z}_k \, \mathrm{e}^{-\beta H_k(\boldsymbol{z}_k)} T_k(\boldsymbol{z}_k \to \boldsymbol{z}_{k+1}) = \mathrm{e}^{-\beta H_k(\boldsymbol{z}_{k+1})},$$

$$(7\text{-}15)$$

此处从第一式到第二式用到 $\int \mathrm{d}\boldsymbol{z}\, T_k(\boldsymbol{z}' \to \boldsymbol{z}) = 1$。记

$$W = \Delta H = H_n(\boldsymbol{z}_n) - H_0(\boldsymbol{z}_0) = \sum_{k=0}^{n-1} \Delta H_k,$$
$$\Delta H_k \equiv H_{k+1}(\boldsymbol{z}_{k+1}) - H_k(\boldsymbol{z}_{k+1}),$$

此处略去 $H_k(\boldsymbol{z}_{k+1}) - H_k(\boldsymbol{z}_k)$ 项，或者说状态转移主要发生在等能面上。参数驱动过程的初始分布为正则平衡分布 $f_0(\boldsymbol{z}_0) = \mathrm{e}^{-\beta H_0(\boldsymbol{z}_0)}/Z_0$，则轨道平均：

$$\langle \mathrm{e}^{-\beta W} \rangle_0 = \int \mathrm{d}\boldsymbol{z}^n f_0(\boldsymbol{z}_0) \mathrm{e}^{-\beta W} T(\boldsymbol{z}_0 \to \boldsymbol{z}_n)$$
$$\equiv \frac{1}{Z_0} \int \mathrm{d}\boldsymbol{z}_0 \mathrm{d}\boldsymbol{z}_1 \cdots \mathrm{d}\boldsymbol{z}_{n-1} \, \mathrm{e}^{-\beta H_0(\boldsymbol{z}_0)} \prod_{k=0}^{n-1} \tilde{T}_k,$$
$$\tilde{T}_k \equiv T_k(\boldsymbol{z}_k \to \boldsymbol{z}_{k+1}) \mathrm{e}^{-\beta H_{k+1}(\boldsymbol{z}_{k+1})} \mathrm{e}^{\beta H_k(\boldsymbol{z}_{k+1})}.$$

对应于 (t_0, t_1) 和 $\tilde{T}_0$ 的部分给出

$$\int \mathrm{d}\boldsymbol{z}_0 \, \mathrm{e}^{-\beta H_0(\boldsymbol{z}_0)} T_0(\boldsymbol{z}_0 \to \boldsymbol{z}_1) \mathrm{e}^{-\beta H_1(\boldsymbol{z}_1)} \mathrm{e}^{\beta H_0(\boldsymbol{z}_1)}$$
$$= \mathrm{e}^{-\beta H_0(\boldsymbol{z}_1)} \mathrm{e}^{-\beta H_1(\boldsymbol{z}_1)} \mathrm{e}^{\beta H_0(\boldsymbol{z}_1)} = \mathrm{e}^{-\beta H_1(\boldsymbol{z}_1)},$$

此处第一等号右边的第一个因子是细致均衡条件式 (7-15) 的结果。于是，净效果为 $\mathrm{e}^{-\beta H_0(\boldsymbol{z}_0)} \to \mathrm{e}^{-\beta H_1(\boldsymbol{z}_1)}$，不难理解第 k 步得 $\mathrm{e}^{-\beta H_k(\boldsymbol{z}_k)}$，而在第 n 步得 $\mathrm{e}^{-\beta H_n(\boldsymbol{z}_n)}$，最终再对 $\boldsymbol{z}_n$ 积分后给出 Z_n，证明了式 (7-14)。

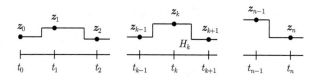

图 7.1 从 $\boldsymbol{z}_0$ 到 $\boldsymbol{z}_n$ 的一条轨道

细致均衡保证了初始平衡态经参数驱动过程后仍保持正则分布形式。其实在假定参数驱动过程的初态为平衡态的前提下，可写

$$\langle \mathrm{e}^{-\beta W} \rangle_0 = \int \mathrm{d}\boldsymbol{z}_0\, \mathrm{e}^{-\beta[H_n(\boldsymbol{z}_n)-H_0(\boldsymbol{z}_0)]} \frac{1}{Z_0} \mathrm{e}^{-\beta H_0(\boldsymbol{z}_0)} = \frac{1}{Z_0} \int \mathrm{d}\boldsymbol{z}_0\, \mathrm{e}^{-\beta H_n(\boldsymbol{z}_n)}$$

$$= \frac{1}{Z_0} \int \mathrm{d}\boldsymbol{z}_n\, \mathrm{e}^{-\beta H_n(\boldsymbol{z}_n)} = \frac{Z_n}{Z_0},$$

此处用到从 $\boldsymbol{z}_0$ 到 $\boldsymbol{z}_n$ 的参数驱动过程为一一对应的假定 $(\mathrm{d}\boldsymbol{z}_0 = \mathrm{d}\boldsymbol{z}_n)$。一个特例是，如果参数驱动过程中 $\Delta H = 0$，则初终态正则分布不变，与过程细节无关。参数驱动过程细节虽然不影响 $\langle \mathrm{e}^{-\beta W} \rangle_0$，但将改变可能轨道的分布，带来不同的涨落，如 $\langle (\mathrm{e}^{-\beta W} - \langle \mathrm{e}^{-\beta W} \rangle_0)^2 \rangle_0$ 之值将与过程细节有关。

如果对 $\langle \mathrm{e}^{-\beta W} \rangle_0$ 作累积展开

$$\Delta F = \sum_{n=1}^{\infty} (-\beta)^{n-1} \frac{\omega_n}{n!} \approx \overline{W} - \frac{1}{2}\beta\sigma^2, \quad \sigma^2 \equiv \overline{W^2} - \overline{W}^2,$$

此处 ω_n 为 W 的累积量，则 $\Delta F \geqslant \overline{W}$，且耗散功 $W_{\mathrm{dis}} \equiv \overline{W} - \Delta F = \frac{1}{2}\beta\sigma^2$，与功的涨落相联系，是一种涨落–耗散关系。

7.6.3 约化自由度的随机过程

约化自由度的描述，作为物理现象的随机过程描述，与粗粒化程度有关。热力学几乎只适于静态，高频过程更多依赖于微观描述。虽然朗之万方程可用于非马尔科夫随机力，但不便处理非线性，而 FP 方程虽可用于非线性和非平稳情形，但只适于白噪声。

借助平衡解 P_{eq}，FP 方程可表作

$$\frac{\partial P(u,t)}{\partial t} = \frac{\partial}{\partial u} \left\{ D(u) \left[-\left(\frac{\mathrm{d}}{\mathrm{d}u} \log P_{\text{eq}}(u) \right) + \frac{\partial}{\partial u} \right] \right\} P(u,t). \quad (7\text{-}16)$$

对于在势场 $U(x)$ 中的布朗粒子，$P_{\text{eq}}(x) = Ce^{-\beta U}$，因而

$$\frac{\partial P}{\partial t} = \frac{\partial}{\partial x} \left[D(x) \left(\beta \frac{\mathrm{d}U}{\mathrm{d}x} + \frac{\partial}{\partial x} \right) \right] P.$$

这样的分布演化方程，满足趋于平衡，漂移项依赖于平衡解，驱动力将含平均场之类的有效场效应。考虑极性分子在非极性溶剂中的稀溶液，电极化为 $\boldsymbol{P} = \boldsymbol{P}_d + \boldsymbol{P}_a + \boldsymbol{P}_e$，分别来自偶极取向、距离和电荷的分布，后二者在红外和光学高频区有滞后，在慢变场下可吸收入 ε_∞，仅须处理取向项。设密度 n 均匀，平衡取向分布为

$$f_{\text{eq}}(\theta, \phi) = \frac{ne^{\beta\mu E\cos\theta}}{\int e^{\beta\mu E\cos\theta}\mathrm{d}\Omega} \approx \frac{n}{4\pi}(1 + \beta\mu E\cos\theta),$$

$$\boldsymbol{P}_d = \langle \mu\cos\theta\boldsymbol{E}/E \rangle \approx \frac{1}{3}n\beta\mu^2\boldsymbol{E},$$

此处 $\boldsymbol{E}$ 为电场。描述偶极矩的取向布朗运动的福克–普朗克方程为

$$\frac{\partial f}{\partial t} = D \left\{ \frac{1}{\sin\theta}\frac{\partial}{\partial\theta} \left[\sin\theta \left(\frac{\partial}{\partial\theta} + \beta\mu E(t)\sin\theta \right) f \right] + \frac{1}{\sin^2\theta}\frac{\partial^2 f}{\partial\phi^2} \right\}.$$

另一例子是核磁共振。处于均匀磁场 $\boldsymbol{H}(t)$ 中的磁化矢量 $\boldsymbol{M}(t)$ 满足运动方程

$$\dot{\boldsymbol{M}}(t) = \gamma\boldsymbol{M}(t) \times \boldsymbol{H}(t) - \tau^{-1}[\boldsymbol{M}(t) - \chi\boldsymbol{H}(t)],$$

此处 γ 为回磁比，磁场 $\boldsymbol{H}(t) = \boldsymbol{H}_0 + \boldsymbol{H}_1(t)$，$\boldsymbol{H}_0$ 为沿 z-方向的静场，而 $\boldsymbol{H}_1(t)$ 为与静场垂直的射频交变场，通常可看作甚高频，最右边项对应于平衡磁化 $\chi\boldsymbol{H}$，χ 为等温磁化率。静场的存在导致弛豫各向异性，τ

为张量，zz-分量为纵向弛豫时间 T_1，由量子塞曼能级跃迁引起，而 xx-和 yy-分量为横向弛豫时间 T_2，由磁自旋的随机局域场引起，简单的指数衰减只是理想化。

自旋要求量子处理，但仍可用转动布朗运动的经典自旋代表，动理学方程为

$$\left(\frac{\partial}{\partial t} + \omega_0'\frac{\partial}{\partial \phi}\right) f = \left\{ \frac{1}{\sin\theta}\frac{\partial}{\partial\theta}\left[\sin\theta\, D_\perp\left(\frac{\partial}{\partial\theta} + \beta M H_0 \sin\theta\right)\right] \right.$$
$$\left. + \frac{1}{\sin^2\theta}\frac{\partial}{\partial\phi}\left[(D_\perp\cos^2\theta + D_\parallel\sin^2\theta)\frac{\partial}{\partial\phi}\right]\right\} f,$$

此处纵向和横向的扩散常数不等，且拉摩频率 ω_0' 不等于 γH_0，而因随机场发生频移。弛豫时间 τ 和 D 的关系一般化为 $T_1^{-1} = D_\perp/2$，$T_2^{-1} = D_\perp + D_\parallel$。

响应函数等应可由统计力学导出，并与关联函数联系，表现为涨落-耗散定理。平衡统计力学提供静态响应函数，非平衡统计力学着重讨论动态响应函数的推导。

传统认为，统计力学必须以某种粗粒化将巨自由度的动力学演化转换为随机演化，其基本问题是给出该转换的数学逻辑，但尚未解决。久保指出，平衡统计力学建立在各态历经上，但进展有限。非平衡远为困难，首先是概念宽泛，须有所限制。两类限制之一是动理学方法，考虑玻耳兹曼型方程，但仅适用于平均自由程足够长，外场频率足够低的情形，不过不限于线性。另一类是近平衡过程，将非平衡性质直接与平衡涨落相联系，不依赖于上述的随机转换，因而可用于随机转换不可行或不必要的情形。后者不假定马尔科夫性或高斯性。二者的适用性有所重叠。范坎朋 (Van Kampen) 一度曾严批线性响应理论，认为轨道不稳定，微扰计算无据，微观线性与宏观线性完全不同，后者须由玻耳兹曼方程

处理。然而，线性响应只微扰处理分布而非轨道，刘维尔方程的确与哈密顿方程等价，但噪声项或扩散项出现后不再等价。轨道不稳定性引起混合，导致分布稳定性。动理学理论先随机化而后线性化，线性响应理论则顺序相反。顺便指出，多体微扰项非小量而为 $O(N)$，宜用约化分布或累积量。

统计力学的核心概念是支在相空间上的分布。统计力学描述的体系，其分布演化的时间尺度远大于相应微观体系的微观态演化或微观轨道的时间尺度。分布演化的动力学方程，不可能由微观态演化方程导出。分布演化方程的必要条件是，概率守恒且平衡分布为其长时间演化解。这样的演化方程中驱动项将与平衡分布相关，理论处理的困难也更多地归结于平衡统计力学方法本身的困难。前面曾指出，分布演化方程的一个简单候选，是转移概率满足细致均衡条件的主方程，由之可导出其他形式的方程。

附录一 关于参考文献

不可能给任何一本统计力学讲义列出稍完整的参考文献。英文维基百科的统计力学相关词条，是获得相关知识及其重要参考文献的相当便捷的途径。这里仅列出本人认为有必要作些特别说明的个别参考文献。

Twentieth Century Physics, L Brown, B Pippard, A Pais (ed), IOP Publishing Ltd, 1995.

该书第一卷第七章平衡统计力学由 C Domb 撰写，第八章非平衡统计力学由 M Dresden 撰写，两章文末均附了丰富的文献，篇幅不大，值得一读。该书的中文译本：

20 世纪物理学（第一卷），L Brown, B Pippard, A Pais 编，科学出版社，2014.

网页http://stp.clarku.edu/books/ 开列了统计力学和热力学的一些教科书的书目，可以看看。

本讲义第 1 章，是关于概率论和数理统计的一些预备知识，传统物理学系本科教育中这部分内容比较欠缺。数学方面的参考文献不少，但专门为物理系师生写的并不多，因而向各位介绍

Data Analysis: A Bayesian Tutorial, D Sivia, J Skilling, Clarendon Press, 1996.

该书颇受好评并多次重印。

第 2 章的参考文献不能不举

Elementary Principles of Statistical Mechanics, J W Gibbs, University Press, 1902.

该书也已有中文译本：

统计力学的基本原理，吉布斯（毛俊雯译），中国科技大学出版社，2016。

"2.4.1 微正则系综"一节，可参考英文维基百科"microcanonical ensemble"词条，其中也引述了吉布斯 1902 年的专著。较近的文献有 S Hilbert, P Hänggi, J Dunkel, Phys. Rev. E, **90**, 062116 (2014)。统计力学教科书通常不讨论热力学极限的存在问题，但马上庚的书（统计力学，台湾环华出版公司，1982）和 R Balescu (*Equilibrium and Nonequilibrium Statistical Mechanics*, John Wiley & Sons, 1975) 均有专门的章节讨论。讲义中"2.6 热力学极限"一节引的文献为 NN Bogoliubov, J. Phys., USSR **10**, 257 (1946); L Van Hove, Physica, **15**, 951 (1949); C N Yang, T D Lee, Phys. Rev., **87**, 404 (1952); M E Fisher, D Ruelle, J. Math. Phys., **7**, 260 (1966)。

第 3 章的内容是讨论统计力学与热力学间的对应。前引的吉布斯 1902 年的专著有很长的副标题，指明该书特别关注与热力学对应关系的基础。第 3 章的许多内容在吉布斯专著中有详尽的论述。该章从内容的完整性考虑，保留了一些较重要的热力学内容，可参考热力学教科书。第 4 章叙述的基本上是统计力学标准教科书的内容，但"4.3 气相化学平衡"一节参考

Introduction to Modern Statistical Mechanics, D Chandler, Oxford University Press, 1987. (中译本：现代统计力学导论，鞠国兴译，高等教育出版社，2013.)

该书简洁明了，广受好评。

第 5 章的内容如何取舍，见仁见智。大部分内容尚属标准，"5.2.2 试探粒子和势分布定理"中，势分布定理可参考 B Widom, J. Chem. Phys., **39**, 2808 (1963); T L Beck, M E Paulaitis, L R Pratt, *The Potential Distribution Theorem and Models of Molecular Solutions*, Cambridge University Press, 2006.

第 6 章在内容上也很难处理，难免偏向性很强。"6.1 液态"一节参考了 B Widom, Science, **157**, 375 (1967)。"6.2.3 表里变换"一节参考了日本岩波"现代应用数学讲座"丛书中的一册

结晶统计与代数，伏见康治、庄司一郎 (孙泽瀛译)，上海科学技术出版社，1962。

有感于贝特近似的重要性和通常教科书中有关叙述的不足，用了较多篇幅讨论。参考文献除关于准化学近似的一篇 A Sher, M van Schilfgaarde, Phys. Rev. B, **36**, 4279 (1987) 之外，不得不提到计算机科学的一篇综述 J S Yedidia, W T Freeman, Y Weiss, *Understanding belief propagation and its generalizations, in Exploring artificial intelligence in the new millennium* (G Lakemeyer and B Nebel ed.), Morgan Kaufmann Publishers, 2003。"6.6 范德华方程"一节后半部分的讨论参考了 J D Weeks, R L B Selinger, J Q Broughton, Phys. Rev. Lett., **75**, 2694 (1995); J D Weeks, K Vollmayr, K Katsov, Physics, A**244**, 461 (1997)。

第 7 章叙述的系统性不很理想，待将来再版本书时修订。参考了好几本教科书，罗列了一些内容，但不特别列文献了。最后，附录是关于揉面映射，从非线性动力学的角度探讨时间不可逆问题，可参阅

Fully Chaotic Maps and Broken Time Symmetry, D J Driebe, Spriger, 1999.

附录二　揉面映射和时间不可逆

牛顿力学微分方程是时间可逆的，庞卡莱证明，如果一个力学系统处于给定的状态，它将无限多次返回无限接近该状态的某点。玻耳兹曼认为，复归时间足够之长以至于最终观察到返回的可能性不存在。其实，复归定理的对象是力学轨道，而统计力学关心的是分布。单纯的粗粒平均属于在动力学之外引入的机制，它可在单条典型混沌轨道上操作，不直接将不可逆性归结为混沌不稳定性或轨道混合。轨道或波函数的演化规律是时间可逆的，相应的演化算符是幺正的。混沌系统的内在性质是理解不可逆性的关键。不可逆性只在混沌系统中出现。稳定系统呈现规则运动，分布演化可归结为点密度的轨道演化。一条典型的混沌轨道可在整个区间游走，足够长时间后"画"出分布。光滑分布的演化，可含有点动力学描述所不具备的某些非局域信息。相空间的复杂微结构使得无法将光滑分布的演化还原为轨道演化。

规则运动如稳定周期轨道的密度行为与轨道一致，而系统的轨道行为非常混沌无规时，其分布行为往往很规则。动力学的另一图像是统计描述：

$$\rho(x,t+1) = \int \mathrm{d}y\,\delta(x-S(y))\rho(y,t) \equiv U\rho(x,t) = \sum_{y:S(y)=x} \frac{\rho(y,t)}{|\mathrm{d}S(y)/\mathrm{d}y|},$$

此处 U 为弗罗贝纽斯–沛隆 (FP) 线性算符，虽然轨道演化高度非线性。算符 U 的谱分解未必能还原为轨道演化。如果映射可逆，则雅可比为 1，$U\rho(x,t) = \rho(S^{-1}x,t)$，密度的正向演化与相点的逆向演化对应。观测

量 $A(x)$ 演化的库珀曼 (Koopman) 算符 K：

$$KA(x) \equiv \int \mathrm{d}y\, \delta(y - S(x))A(y) = A(S(x)).$$

算符 K 是 FP 算符的伴，可记为 $U^\dagger$，$\langle f|Ug \rangle = \langle U^\dagger f|g \rangle$。如果映射是保测的，只有走出通常的函数空间才有可能得到演化算符的衰减本征函数。

本附录以揉面映射为模型讨论时间不可逆问题。揉面映射为二维，与一维的伯努利移位映射关系密切。

1　（双值）伯努利移位

伯努利移位 S_B，是一维区间 $M = [0, 1)$ 上的映射：

$$x_{t+1} = S_B(x_t), \quad S_B(x) = 2x \;(\mathrm{mod}\; 1) = \begin{cases} 2x, & 0 \leqslant x < 1/2, \\ 2x - 1, & 1/2 \leqslant x < 1, \end{cases}$$

映射 S_B 有李雅普诺夫 (Lyapunov) 指数 $\log 2$ 和两个逆像支。其 FP 算符 U_B 作用之下

$$\rho(x, t+1) = U_B\, \rho(x, t) = \frac{1}{2}\left[\rho\left(\frac{x}{2}, t\right) + \rho\left(\frac{x+1}{2}, t\right) \right].$$

重复施加 U_B，初始的不均匀性将抹平，达到不变分布 $\rho^0(x) = 1$。伯努利映射是各态历经且混合的。观测量 $A(t)$ 依库珀曼算符 $U_B^\dagger$ 演化，

$$U_B^\dagger A(x) = \begin{cases} A(2x), & 0 \leqslant x < 1/2, \\ A(2x - 1), & 1/2 \leqslant x < 1. \end{cases}$$

自相关函数

$$\hat{C}(t) \equiv \int_0^1 \mathrm{d}x\, x_t x \rho^0(x) = \langle x_t x \rangle = \left\langle U_B^{\dagger t} x\, x \right\rangle = \left\langle x\, U_B^t x \right\rangle = \left\langle x U_B^{t-1} U_B x \right\rangle$$

$$= \frac{1}{2} \left\langle x U_B^{t-1} \left(\frac{x}{2} + \frac{x+1}{2} \right) \right\rangle = \frac{1}{2}\hat{C}(t-1) + \frac{1}{8}.$$

此处用到 $\langle x|U_B^t|1\rangle = \langle x \rangle = \int_0^1 dx\, x = \frac{1}{2}$。引入 $C(t) = \hat{C}(t) - \langle x \rangle^2 = \hat{C}(t) - 1/4$，则 $C(t) = C(t-1)/2$。考虑到 $\hat{C}(0) = \langle x^2 \rangle = 1/3$，得 $C(t) = C(0)2^{-t} = 2^{-t}/12$。于是，利用 $2\cos(\omega t) = \mathrm{e}^{\mathrm{i}\omega t} + \mathrm{e}^{-\mathrm{i}\omega t}$ 和 $C(t)$ 的表达式可直接导得其谱函数为

$$P(\omega) \equiv \sum_{t=0}^{\infty} C(t)\cos(\omega t) = \frac{1}{6}\frac{2 - \cos(\omega)}{5 - 4\cos(\omega)}.$$

函数 $C(t)$ 的衰减指数对应于 $P(w)$ 的简单极点 $\tilde{\omega} = \pm\mathrm{i}\log 2$。

1.1 连续谱

考虑傅里叶基的状态 $e_{n,l}(x) \equiv \exp[2\pi\mathrm{i}2^n(2l+1)x]$，此处 $n \geqslant 0$，$-\infty < l < \infty$ 为整数，另加常数 1 态以使基完备。借助 $U_B e_{n,l}(x) = (1 - \delta_{0n})e_{n-1,l}(x)$，仿照量子相干态定义 $\phi_{z,l}(x) = \sum_{n=0}^{\infty} z^n e_{n,l}(x)$，则有

$$U_B \phi_{z,l}(x) = \sum_{n=1}^{\infty} z^n e_{n-1,l}(x) = z\phi_{z,l}(x).$$

态 $\phi_{z,l}(x)$ 为本征态且对于 $|z| < 1$ 收敛。在此函数空间，U_B 的谱是 z-复平面中的单位圆盘，因而无特别的时间尺度可从谱中选出。函数 $\phi_{z,l}(x)$ 有些不规则：在 $2^{-m-1} < |z| < 2^{-m}$，$\phi_{z,l}(x)$ 关于 x 处处 m 次可微而 $(m+1)$ 次不可微。可用 ϕ 构造密度，但一个不可微的密度意味着带有点信息，而本质上这是在用轨道描述，应不会带来新的基本信息。本征态 ϕ 的对偶态为库珀曼算符 $U_B^\dagger$ 的本征态，有 $U_B^\dagger e_{n,l}(x) = e_{n+1,l}(x)$，然而，本征态无法由移位态依前述的方式构造。对于可用移位态展开的函数，$U_B U_B^\dagger = 1$，但 $U_B^\dagger U_B \neq 1$。

1.2 广义谱分解

有几种方法可对 U_B 作谱分解得到衰减模，其一是用预解式方法。如果预解式的奇点为简单极点，则可由围道积分通过留数得本征态。因为 U_B 的作用相当于标度变换，不改变多项式的阶次，可考虑多项式基，如 $[0,1]$ 上的改型勒让德 (Legendre) 多项式完备基 $|n\rangle \equiv \hat{P}_n(x) = \sqrt{2n+1}P_n(2x-1)$。以 $|n\rangle$ 为基，U_B 为上三角的，有对角元 2^{-n}，得 U_B 的本征值为 2^{-n}。设 $U_B|\gamma_j\rangle = \mathrm{e}^{-\gamma_j}|\gamma_j\rangle$，$\langle\tilde{\gamma}_j|U_B = \mathrm{e}^{-\gamma_j}\langle\tilde{\gamma}_j|$，$\langle\tilde{\gamma}_j|\gamma_j\rangle = 1$，引入 U_B 本征矢 $|\gamma_j\rangle$ 的投影算符

$$\Pi^{(j)} \equiv \frac{1}{2\pi\mathrm{i}} \oint_{z=\mathrm{e}^{-\gamma_j}} \mathrm{d}z \frac{1}{z - U_B} = |\gamma_j\rangle\langle\tilde{\gamma}_j|, \quad U_B\Pi^{(j)} = \Pi^{(j)}U_B = \mathrm{e}^{-\gamma_j}\Pi^{(j)}.$$

因而，

$$\rho(x,t) = \sum_{j=0}^{\infty} \frac{1}{2\pi\mathrm{i}} \oint_{z=\mathrm{e}^{-\gamma_j}} \mathrm{d}z \frac{U_B^t}{z - U_B}\rho(x,0) = \sum_{j=0}^{\infty} \mathrm{e}^{-\gamma_j t}\Pi^{(j)}\rho(x,0),$$

时间依赖性与极点相联系。

约定 $\langle j|\gamma_j\rangle = \langle\tilde{\gamma}_j|j\rangle = 1$。将 U_B 分解为对角和非对角部分 $U_B = U_0 + \delta U$，利用 $(z-U_B)^{-1} = (z-U_0)^{-1} + (z-U_B)^{-1}\delta U(z-U_0)^{-1}$，可得

$$\begin{aligned}
|\gamma_j\rangle &= |\gamma_j\rangle\langle\tilde{\gamma}_j|j\rangle = \Pi^{(j)}|j\rangle \\
&= \frac{1}{2\pi\mathrm{i}} \oint_{z=\mathrm{e}^{-\gamma_j}} \mathrm{d}z \left[\frac{1}{z-U_0} + \frac{1}{z-U_B}\delta U\frac{1}{z-U_0}\right]|j\rangle \\
&= |j\rangle + \frac{1}{\mathrm{e}^{-\gamma_j} - U_B}\delta U|j\rangle.
\end{aligned}$$

再利用 $(z-U_B)^{-1} = \sum_{k=0}^{\infty}\left[(z-U_0)^{-1}\delta U\right]^k (z-U_0)^{-1}$，并注意到当 $i \geqslant j$ 时 $(\delta U)_{ij} = \langle i|\delta U|j\rangle = 0$，可导得 $|\gamma_j\rangle$，其实它就是伯努利多项式 $B_j(x)$。多项式 $B_m(x)$ 有如下生成函数及性质

$$\frac{p\mathrm{e}^{xp}}{\mathrm{e}^p - 1} = \sum_{m=0}^{\infty} \frac{B_m(x)}{m!}p^m, \quad \frac{\mathrm{d}}{\mathrm{d}x}B_m(x) = mB_{m-1}(x),$$

$$B_m(x) = -\sum_{k \neq 0} \frac{m!}{(2\pi \mathrm{i} k)^m} \mathrm{e}^{2\pi \mathrm{i} k x},$$

且 $B_m(1-x) = (-1)^m B_m(x)$，伯努利数为 $B_m \equiv B_m(0)$。由生成函数可直接验证 $U_B B_m(x) = 2^{-m} B_m(x)$。另外有如下乘法定理

$$B_n(mx) = m^{n-1} \sum_{k=0}^{m-1} B_n\left(x + \frac{k}{m}\right).$$

另一个与伯努利多项式关系密切的欧拉多项式 $E_n(x)$，可由如下生成函数定义

$$\frac{2\mathrm{e}^{xp}}{\mathrm{e}^p - 1} = \sum_{n=0}^{\infty} \frac{E_n(x)}{n!} p^n.$$

类似于以上本征右矢表达式的推导，本征左矢可写作

$$\begin{aligned}
\langle \tilde{\gamma}_j | &= \langle j | \Pi^{(j)} = \langle j | \left(1 + \delta U \frac{1}{\mathrm{e}^{-\gamma_j} - U_B} \right) \\
&= \langle j | + \sum_{i=j+1}^{\infty} \frac{1}{\mathrm{e}^{-\gamma_j} - \mathrm{e}^{-\gamma_i}} \langle \tilde{\gamma}_j | \delta U | i \rangle \langle i |.
\end{aligned}$$

这个展开发散，但与别的函数一起积分时仍可有意义。可以推得，

$$\mathrm{e}^{\gamma_j \tau} \langle j | U_B^\tau | k \rangle = \mathrm{e}^{\gamma_j \tau} \sum_p \langle j | U_B^\tau | \gamma_p \rangle \langle \tilde{\gamma}_p | k \rangle = \langle \tilde{\gamma}_j | k \rangle + \sum_{p=j+1}^{k} \mathrm{e}^{(\gamma_j - \gamma_p)\tau} \langle j | \gamma_p \rangle \langle \tilde{\gamma}_p | k \rangle,$$

此处已用到如下事实：只有当 $j \leqslant p \leqslant k$ 时 $\langle j | \gamma_p \rangle \langle \tilde{\gamma}_p | k \rangle \neq 0$。由 $\gamma_j - \gamma_p = (j-p)\log 2 < 0$，有 $\langle \tilde{\gamma}_j | k \rangle = \lim_{\tau \to \infty} \mathrm{e}^{\gamma_j \tau} \langle j | U_B^\tau | k \rangle$。因而，对于函数 $f(x)$，

$$\begin{aligned}
\langle \tilde{\gamma}_j | f \rangle &= \lim_{\tau \to \infty} \mathrm{e}^{\gamma_j \tau} \langle j | U_B^\tau | f \rangle = \lim_{\tau \to \infty} 2^{j\tau} \langle (U_B^\dagger)^\tau j | f \rangle \\
&= \lim_{\tau \to \infty} \int_0^1 \mathrm{d}x\, 2^{j\tau} \hat{P}_j (2^\tau x \mod 1) f(x),
\end{aligned}$$

此处 $\hat{P}_j(x) \sim |j\rangle$。如果 $f(x)$ 在 $x = 2^{-\tau}k$ 处 j 次可微，则将其泰勒 (Taylor) 展开代入上式有

$$\langle \tilde{\gamma}_j | f \rangle = \lim_{\tau \to \infty} \sum_{k=0}^{2^\tau - 1} \left[\sum_{q=0}^{j} \frac{2^{(j-q)\tau}}{2^\tau} f^{(q)}(2^{-\tau}k) a_{j,q} + \frac{1}{2^{2\tau}} f^{(j+1)}(c) a_{j,j+1} \right],$$

$$a_{j,q} \equiv \frac{1}{q!} \int_0^1 \mathrm{d}y\, \hat{P}_j(y) y^q,$$

此处 $y = 2^\tau x - k$, $2^{-\tau}k < c < 2^{-\tau}(k+1)$。由 $\hat{P}_j$ 的正交性，对于 $q < j$, $a_{j,q} = 0$, 得

$$\langle \tilde{\gamma}_j | f \rangle = a_{j,j} \lim_{\tau \to \infty} \sum_{k=0}^{2^\tau - 1} \frac{1}{2^\tau} f^{(j)}\left(\frac{k}{2^\tau}\right) = a_{j,j} \int_0^1 \mathrm{d}x\, f^{(j)}(x).$$

将积分号内被积函数 $f(x)$ 的导数用狄拉克 (Dirac) 函数的导数表示，有

$$\langle \tilde{\gamma}_j | f \rangle = a_{j,j} \int_0^1 \mathrm{d}x\, (-1)^{(j-1)} \left[\delta_-^{(j-1)}(x-1) - \delta_+^{(j-1)}(x) \right] f(x),$$

$$\int_a^b \mathrm{d}x\, \delta_\pm^{(m)}(x-c) f(x) \equiv (-1)^m f^{(m)}(c_\pm),$$

此处 $a < x < b$。记本征左、右矢为 $\tilde{B}_j(x)$ 和 $B_j(x)$。只有与属于特定空间的函数一起积分，本征左矢才有意义。为满足与伯努利多项式本征右矢正交，可取 $\tilde{B}_0 = 1$, 而对于 $j \geqslant 1$, 以上左矢乘以 $(j!\, a_{j,j})^{-1}$ 之后得

$$\tilde{B}_j(x) = \frac{(-1)^{j+1}}{j!} \left[\delta_-^{(j-1)}(x-1) - \delta_+^{(j-1)}(x) \right] = \frac{1}{j!} \frac{\mathrm{d}^j}{\mathrm{d}x^j},$$

$$\langle \tilde{B}_j | f \rangle = \frac{1}{j!} \left[f^{(j-1)}(1) - f^{(j-1)}(0) \right].$$

于是，

$$\begin{aligned}
\left\langle \tilde{B}_j | U_B f \right\rangle &= \int_0^1 \mathrm{d}x\, \frac{1}{j!} \frac{\mathrm{d}^j}{\mathrm{d}x^j} \frac{1}{2} \left[f\left(\frac{x}{2}\right) + f\left(\frac{x+1}{2}\right) \right] \\
&= \frac{1}{2^j j!} \frac{1}{2} \left[2 \int_0^{\frac{1}{2}} \mathrm{d}\xi\, \frac{\mathrm{d}^j f(\xi)}{\mathrm{d}\xi^j} + 2 \int_{\frac{1}{2}}^1 \mathrm{d}\xi\, \frac{\mathrm{d}^j f(\xi)}{\mathrm{d}\xi^j} \right] \\
&= \frac{1}{2^j} \int_0^1 \mathrm{d}x\, \frac{1}{j!} \frac{\mathrm{d}^j}{\mathrm{d}x^j} f(x) = \left\langle U_B^\dagger \tilde{B}_j \middle| f \right\rangle = \frac{1}{2^j} \left\langle \tilde{B}_j \middle| f \right\rangle.
\end{aligned}$$

密度的时间演化为

$$\rho(x,t) = U_B^t \rho(x,0) = \sum_{j=0}^\infty \mathrm{e}^{-\gamma_j t} B_j(x) \left\langle \tilde{B}_j \middle| \rho \right\rangle.$$

变量 x 的自相关函数

$$\hat{C}(t) = \int_0^1 \mathrm{d}x\, x U_B^t x = \int_0^1 \mathrm{d}x\, x \left[\left\langle \tilde{B}_0 \middle| x \right\rangle B_0(x) + \frac{1}{2^t} \left\langle \tilde{B}_1 \middle| x \right\rangle B_1(x) \right]$$
$$= \frac{1}{4} + \frac{1}{12 \cdot 2^t},$$

此处已用到 $B_1(x) = x - \dfrac{1}{2}$。本征左矢要求函数必须无限可微。这将轨道排除在外，因为轨道对应于不可微的点密度而区别于光滑的密度。值得注意，这里的趋于平衡不需要引入任何主观因素如分布的宽度或粗粒描述等。限制 U_B 作用于 M 次可微的函数，则

$$U_B^t \rho(x) = \sum_{m=0}^{M} \mathrm{e}^{-\gamma_m t} B_m(x) \left\langle \tilde{B}_m \middle| \rho \right\rangle + \mathrm{e}^{-\gamma_M t} R_M(x,t).$$

2　揉面映射

揉面映射 (Baker Transformation) 作用于 $M = [0,1)^2$，其定义为

$$S_b(x,y) = \begin{cases} (2x, y/2), & 0 \leqslant x < 1/2, \\ (2x-1, (y+1)/2), & 1/2 \leqslant x < 1, \end{cases}$$

$$S_b^{-1} = \begin{cases} (x/2, 2y), & 0 \leqslant y < 1/2, \\ ((x+1)/2, 2y-1), & 1/2 \leqslant y < 1. \end{cases}$$

其 FP 算符

$$U_b \rho(x,y) = \begin{cases} \rho(x/2, 2y), & 0 \leqslant y < 1/2, \\ \rho((x+1)/2, 2y-1), & 1/2 \leqslant y < 1. \end{cases}$$

库珀曼算符 $U_b^\dagger = U_b^{-1}$。对于 M 上平方可积函数的希尔伯特空间，U_b 为幺正，谱在复空间单位圆上连续。在这个表示下，趋于平衡的过程出现

相混合，但有时间对称。必须走出通常的函数空间才有可能得到演化算符的衰减模，即可让 U_b 的广义谱分解含有物理时间尺度。

算符 U_b 可用伯努利移位的 FP 算符 U_x (在 x 方向) 和库珀曼算符 $U_y^\dagger$ (在 y 方向) 表出。先引入拉德马赫 (Rademacher) 函数 $r(x) \equiv \mathrm{sgn}\left(\dfrac{1}{2} - x\right)$，因而 $\Theta\left(x - \dfrac{1}{2}\right) = \dfrac{1}{2}[1 - r(x)]$，$r(x) = -r(1 - x)$，

$$
\begin{aligned}
U_b\rho(x,y) =& \rho\left(\frac{1}{2}x, 2y\right)\Theta\left(\frac{1}{2} - y\right) + \rho\left(\frac{1}{2}(1+x), 2y-1\right)\Theta\left(y - \frac{1}{2}\right) \\
=& \frac{1}{2}\left\{\rho\left(\frac{1}{2}x, 2y\right)[1 + r(y)] + \rho\left(\frac{1}{2}(1+x), 2y-1\right)[1 - r(y)]\right\} \\
=& \frac{1}{2}\left\{\rho\left(\frac{1}{2}x, 2y\right)\left[1 + r\left(\frac{1}{2}x\right)r(y)\right]\right. \\
& \left. + \rho\left(\frac{1}{2}(1+x), 2y-1\right)\left[1 + r\left(\frac{1}{2} + \frac{1}{2}x\right)r(y)\right]\right\} \\
=& \left[U_x U_y^\dagger + U_x r(x)r(y) U_y^\dagger\right]\rho(x,y),
\end{aligned}
$$

此处已用到: 对于 $x \in [0,1]$，有 $r\left(\dfrac{x}{2}\right) = 1$，$r\left(\dfrac{x+1}{2}\right) = -1$。

2.1　揉面映射的广义谱分解

由伯努利移位映射基可构造揉面映射的展开基:

$$
\varphi_{n,m}(x,y) \equiv B_n(x)\tilde{B}_m(y), \qquad \tilde{\varphi}_{n,m}(x,y) \equiv \tilde{B}_n(x)B_m(y).
$$

以之表示揉面映射的 FP 算符 U_b，可得对角部分 U_{b0} 和严格三角化的非对角部分 δU_b:

$$
(\tilde{\varphi}_{nm}|U_{b0}|\varphi_{n'm'}) = \mathrm{e}^{-\gamma_{m+n}}\delta_{nn'}\delta_{mm'},
$$

$$
(\tilde{\varphi}_{nm}|\delta U_b|\varphi_{n'm'}) = \mathrm{e}^{-\gamma_{m'+n'}}b_{n'-n}b_{m-m'},
$$

此处 $\mathrm{e}^{-\gamma_{m+n}} \equiv 2^{-m-n}$，为 $(m+n+1)$ 重简并，而

$$b_{m-n} \equiv \int_0^1 \mathrm{d}x\, \tilde{B}_n(x) r(x) B_m(x) = \frac{m!}{n!(m-n)!} \left[\int_0^{\frac{1}{2}} - \int_{\frac{1}{2}}^1 \right] \mathrm{d}x\, B_{m-n}(x)$$

$$= \frac{m!}{n!(m-n+1)!} \left[2B_{m-n+1}\left(\frac{1}{2}\right) - B_{m-n+1}(0) - B_{m-n+1}(1) \right],$$

此处用到 $B_m'(x) = m\, B_{m-1}(x)$。当 $m \leqslant n$ 时，$b_{m-n} = 0$。由此算符表示，进而可用预解式展开确定奇异性。不过与一维情形不同，现在预解式展开在本征值 $\mathrm{e}^{-\gamma_j}$ 处可出现 $(j+1)$-阶极点。例如，

$$\left(\tilde{\varphi}_{0,j} \left| \left(\frac{1}{z - U_{b0}} \delta U_b \right)^j \frac{1}{z - U_{b0}} \right| \varphi_{j,0} \right)$$

$$= \frac{1}{z - \mathrm{e}^{-\gamma_j}} \prod_{k=0}^{j-1} (\tilde{\varphi}_{k,j-k} | \delta U_b | \varphi_{k+1,j-k-1}) \frac{1}{z - \mathrm{e}^{-\gamma_j}} = \frac{(\mathrm{e}^{-\gamma_j} b_1^2)^j}{(z - \mathrm{e}^{-\gamma_j})^{j+1}}.$$

高阶极点的存在意味着算符 U_b 只能约化到约当 (Jordan) 块标准型。本征右矢应满足

$$U_b |\psi_{k,0}\rangle = \mathrm{e}^{-\gamma_k} |\psi_{k,0}\rangle; \quad U_b |\psi_{k,j}\rangle = \mathrm{e}^{-\gamma_k} |\psi_{k,j}\rangle + |\psi_{k,j-1}\rangle, \quad (1 \leqslant j \leqslant k).$$

$$U_b^t |\psi_{k,j}\rangle = \sum_{n=0}^{\min\{t,j\}} \frac{t!}{n!(t-n)!} \mathrm{e}^{-\gamma_k(t-n)} |\psi_{k,j-n}\rangle.$$

本征左矢满足

$$\langle \tilde{\psi}_{k,k} | U_b = \mathrm{e}^{-\gamma_k} \langle \tilde{\psi}_{k,k} |; \quad \langle \tilde{\psi}_{k,j} | U_b = \mathrm{e}^{-\gamma_k} \langle \tilde{\psi}_{k,j} | + \langle \tilde{\psi}_{k,j+1} |, \quad (0 \leqslant j \leqslant k-1).$$

$$\langle \tilde{\psi}_{k,j} | U_b^t = \sum_{n=0}^{\min\{t,k-j\}} \frac{t!}{n!(t-n)!} \mathrm{e}^{-\gamma_k(t-n)} \langle \tilde{\psi}_{k,j+n} |.$$

在每个子空间中有一个本征左矢和一个本征右矢容易确定。考虑 U_b 作用于在 x 上均匀的分布 $\rho(x,y) = \rho(y)$，则

$$U_b \rho(y) = \left\{ U_y^\dagger + \frac{1}{2} \left[r\left(\frac{x}{2}\right) + r\left(\frac{1+x}{2}\right) \right] r(y) U_y^\dagger \right\} \rho(y) = U_y^\dagger \rho(y),$$

此处已用到: 对于 $x \in [0,1]$, 有 $r\left(\dfrac{x}{2}\right) + r\left(\dfrac{x+1}{2}\right) = 1 - 1 = 0$。因而, $\tilde{B}_n(y) = \varphi_{0,n}$ 为 U_b 的本征右矢 $\psi_{n,0}$, 本征值为 2^{-n}。同样, $\tilde{B}_n(x)$ 为 U_b 的一个本征左矢。此二态均非正规函数, 导致相应的约当态也是如此。于是, U_b 的谱分解将不同于一维时只分解密度, 而需要分解密度和观测量二者, 或是关联函数的二观测量。考虑到 $\varphi_{k,n-k}$ $(k = 0, 1, \cdots, n)$, 属于本征值 2^{-n}, $\delta U_b \varphi_{nm} \to \varphi_{n-m_+}$, 此处 $n_- < n$, $m_+ > m$, 可以合理地假定 $\psi_{k,1}$ 形如 $\psi_{k,1}(x,y) = C_k(y) + x D_k(y)$。于是, 由约当块有

$$U_b \psi_{k,1}(x,y) = 2^{-k} \psi_{k,1}(x,y) + \tilde{B}_k(y) = 2^{-k} C_k(y) + \tilde{B}_k(y) + 2^{-k} x D_k(y).$$

另一方面, 由 U_b 可直接计算

$$\begin{aligned}
U_b \psi_{k,1}(x,y) &= \left[U_x U_y^\dagger + U_x r(x) r(y) U_y^\dagger \right] \left[C_k(y) + x D_k(y) \right] \\
&= U_y^\dagger C_k(y) + \left[\frac{1 - r(y)}{4} + \frac{x}{2} \right] U_y^\dagger D_k(y).
\end{aligned}$$

整理二者的 x^0 和 x^1 的项, 可得

$$U_y^\dagger D_k(y) = 2^{-k+1} D_k(y),$$

$$U_y^\dagger C_k(y) + \frac{1}{4}[1 - r(y)] U_y^\dagger D_k(y) = 2^{-k} C_k(y) + \tilde{B}_k(y).$$

首先, $D_k(y) = d \tilde{B}_{k-1}(y)$, 此处 d 为适当常数。作展开 $C_k(y) = \sum\limits_{j=0} c_{k,j} \tilde{B}_j(y)$, 注意到

$$\begin{aligned}
\int_0^1 \mathrm{d}y \, [1 - r(y)] \, [U_y^\dagger \tilde{B}_k(y)] B_j(y) &= 2 \int_{\frac{1}{2}}^1 \mathrm{d}y \, \left[U_y^\dagger \tilde{B}_k(y) \right] B_j(y) \\
&= \frac{1}{2^{k-1}} \int_{\frac{1}{2}}^1 \mathrm{d}y \, \tilde{B}_k(y) B_j(y) \equiv a_{k,j},
\end{aligned}$$

此处对于 $j < k$ 有 $a_{k,j} = 0$。进而可验证

$$a_{k,j} = \frac{j!}{2^{k-1} k! (j - k + 1)!} \left[B_{j-k+1}(1) - B_{j-k+1}\left(\frac{1}{2}\right) \right],$$

$$(2^{-j} - 2^{-k})c_{k,j} + \frac{d}{4}a_{k-1,j} = \delta_{kj},$$

最后得

$$\psi_{k,1}(x,y) = d\,x\tilde{B}_{k-1}(y) + \sum_{j=k-1}^{\infty} c_{k,j}\tilde{B}_j(y),$$

$$d = \frac{4}{a_{k-1,k}} = \frac{2^{k+3}}{k}, \quad c_{k,j} = \frac{d\,a_{k-1,j}}{4(2^{-k} - 2^{-j})}.$$

更高的约当态也可类似地得到, 而左矢可由右矢通过互换 x 和 y 得到。

前面曾指出, 在平方可积函数的希尔伯特空间中 U_b 为幺正, 谱在复空间单位圆上。这意味着 U_b 的预解式有割线在单位圆上。算符 U_b 在单位圆内的本征值, 对应于由预解式为解析的单位圆外区域向有极点的单位圆内区域的解析延拓。例如, 可考虑预解式的矩阵元 $R_1(z) \equiv (\tilde{B}_1, B_1 \,|\, (z - U_b)^{-1} \,|\, B_1, \tilde{B}_1)$, 因为 $(\tilde{B}_1, B_1|U_b|B_1, \tilde{B}_1) = 1/4$, 对于 $|z| > 1$,

$$R_1^+(z) = \frac{1}{z}\left(\tilde{B}_1, B_1 \left|\frac{1}{1 - U_b/z}\right| B_1, \tilde{B}_1\right) = \frac{1}{z}\sum_{n=0}^{\infty}\left(\frac{1}{4z}\right)^n = \frac{1}{z - \frac{1}{4}},$$

表明它在单位圆外规则, 但在单位圆内有极点 $z = 1/4$。同样,

$$R_1^-(z) = \left(\tilde{B}_1, B_1 \left| U_b^{-1}\left[zU_b^{-1} - 1\right]^{-1}\right| B_1, \tilde{B}_1\right) = -\sum_{n=0}^{\infty}\frac{1}{4}\left(\frac{z}{4}\right)^n = \frac{1}{z - 4},$$

该分支在单位圆内规则, 但在单位圆外有极点 $z = 4$; 此极点对应于 U_b^{-1} 的谱分解的本征值, 即 "于过去" 趋于平衡的半群。前面得到的谱分解衰减模, 展示 "于将来" 趋于平衡。一维伯努利移位的衰减模仍包含在原有的连续谱中, 揉面映射的衰减模并非如此。记 $\mathcal{P}$ 为由多项式张成的空间。拓广谱分解的左、右矢和约当矢是空间 $L_x^2 \otimes \mathcal{P}_y$ 和 $\mathcal{P}_x \otimes L_y^2$ 上的线性泛函。处理关联函数 $(f|U_b^t|g)$ 的 U_b 拓广谱分解, 只在 $f \in L_x^2 \otimes \mathcal{P}_y$ 和

$g \in \mathcal{P}_x \otimes L_y^2$ 时适用，并给出 $t > 0$ 的衰减模。拓广谱分解将希尔伯特空间的演化群分裂为前向和后向的两个不同半群。

揉面映射一般不退化至伯努利移位。引入投影算符 R，$R\rho(x, y) \equiv \int_0^1 \mathrm{d}y\, \rho(x, y) = \rho_R(x)$。可以直接证明，$RU_b\rho(x, y) = \int_0^1 \mathrm{d}y\, U_b\rho(x, y) = U_x \int_0^1 \mathrm{d}y\, \rho(x, y) = U_x R\rho(x, y)$ 但 U_b 和 R 不对易。投影 R 导致的不可逆性实属平庸，由 U_b 谱分解导致的不可逆性乃非平庸。

揉面变换不混合 x 和 y 坐标，因为不稳定和稳定流形恰好沿这两个方向。[只需考虑 y 方向上的极小混合，可导致时间对称破缺。] 时间对称破缺表现在分布和观测量的拓广谱表示中，它们必须满足适当的物理光滑条件。这一类动力系统的转移算符是非"迹类的"，即不存在有限的且与基选择无关的迹，本征值谱也不唯一，而依赖于表示。揉面变换存在多个不等价的对角化基或表示，而对于"时间之箭"的解释是：转移算符可有两种不等价的对角化，其一描述将来，另一描述过去。

2.2 揉面映射的柯尔莫哥罗夫不变分布

以简单的一维映射 $x' = 4x(1-x)$ 为例，该映射存在无限多个周期轨道解。取任意多个周期解，很容易构造出动力学不变分布，但所有这样的分布都是不稳定的，在任何扰动之下不再存在。柯尔莫哥罗夫 (Kolmogorov) 认为，物理上有意义的不变分布，是系统加噪声但噪声强度趋于零后仍然存活的不变分布，在上例中这样的分布是贝塔分布 $\rho(x) = 1/\pi\sqrt{x(1-x)}$。

揉面映射将正方形的左、右半长方形，分别映为下、上半长方形。均匀分布 $\rho = 1$ 是揉面映射的稳定不变分布。如果初始分布为 $\rho = 2\Theta\left(\dfrac{1}{2} - x\right)$，即分布均匀但限于左半，可图示成左黑右白。一次迭代后成为下黑上白的两条, 再次迭代成为黑白相间的四水平条。再多次迭代后仍是黑白相间的图, 只是每水平条越来越细, 但永远黑白分明, 不会变 "灰" 即得不到整个正方形上的均匀分布。可以设想, 足够多次迭代后黑白水平条足够细, 足够小的扰动可使黑白混合成灰, 得到均匀分布。也就是说, 纯粹的动力学不足以保证由一般的初始不均匀分布演化到稳定不变分布, 趋于平衡需要引入新的原理。

如何在揉面映射中实现柯尔莫哥罗夫的思想? 噪声过程可用马尔科夫过程描述。一个直接构造与揉面映射动力学相联系的马尔科夫过程的方法, 是考虑相空间的一个分割, 观察该分割在迭代下如何转换。一个如图 A.1 (a) 的分割, 四个子区分别标以数字 0 至 3。该分割经一步迭代后各子区如图 A.1 (b) 所示。二者重叠后显示子区如何转换, 如图 A.1 (c) 所示, 例如, 标记 "01" 的子区是由 "0" 区转移至 "1" 区的部分。依据图 (c) 中 16 子块的面积, 可以写下如下的马尔科夫转移矩阵

$$T = \frac{1}{15} \begin{pmatrix} 6 & 8 & 1 & 0 \\ 5 & 6 & 3 & 1 \\ 1 & 0 & 6 & 8 \\ 3 & 1 & 5 & 6 \end{pmatrix},$$

此处矩阵 T 作为转移矩阵满足行归一, 矩阵元是相应编码子块面积的四倍, 即每行对应子块的面积和为 1/4。多数编码及其矩阵元对应于唯一的子块, 但矩阵元 T_{12} 和 T_{30} 来自两个子块。记 $x = 6 - \tilde{\lambda}$, 则行列式 $\det(15T - \tilde{\lambda}I) = x^4 - 82x^2 + 96x + 945 = (x-9)(x-7)(x-5)(x+3)$。于是, T 的本征值 λ 为 $1, 3/5, 1/15, -1/15$, 分别对应于一个不变模和三个衰减模。由于映射的对称性, 矩阵 T 关于反对角线对称, 即 $T_{ij} = T_{3-j,3-i}$。

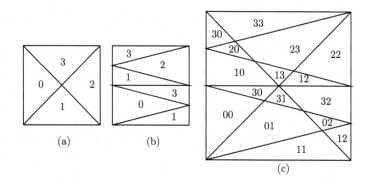

图 A.1　揉面映射相空间的一个分割 (a) 及其一次迭代 (b)，二者重叠后给出子区
的转移编码 (c)，如 "01" 标记该子区由 "0" 区转移到 "1" 区

　　增加与对角线和反对角线平行的分割线，可得到不断细化的分割，
得到相应的越来越大的转移矩阵。越来越细的分割对应于越来越小的噪
声，可实现柯尔莫哥罗夫极限。这些矩阵谱和左、右本征矢的渐近行为
如何，本征矢如何与伯努利多项式联系，都值得探讨。总之，揉面映射提
供深入探讨轨道动力学和分布演化动力学之间联系的很好例子。

附录三　常用物理常数

普朗克常数 $h = 6.63 \times 10^{-34} \text{J·s}$

玻耳兹曼常数 $k = 1.38 \times 10^{-23} \text{J/K}$

阿伏伽德罗常数 $N_{\text{A}} = 6.02 \times 10^{23} \text{/mol}$

气体常数 $R = 8.31 \text{J/K·mol}$

基本电荷 $e = 1.60 \times 10^{-19} \text{C}$

真空中光速 $c = 3.00 \times 10^{8} \text{m/s}$

真空介电率 $\epsilon_0 = 8.85 \times 10^{-12} \text{C}^2/\text{N·m}^2$

真空磁导率 $\mu_0 = 1.26 \times 10^{-6} \text{N/A}^2$

电子质量 $m_{\text{e}} = 9.11 \times 10^{-28} \text{g}$

质子质量 $m_{\text{p}} = 1.67 \times 10^{-24} \text{g}$

万有引力常数 $G = 6.67 \times 10^{-11} \text{N·m}^2/\text{kg}^2$

标准重力加速度 $g = 9.81 \text{m/s}^2$

标准大气压 $1\text{atm} = 1.01 \times 10^{5} \text{N/m}^2$

温度 $0°\text{C} = 273.15\text{K}$

卡 $1\text{cal} = 4.19\text{J}$

电子伏 $1\text{eV} = 1.60 \times 10^{-19} \text{J}$

附录四　常用公式

理想气体物态方程：$pV = NkT = nRT$

绝热过程守恒量：pV^γ，$\quad \gamma = C_p/C_V$

范德华方程：$(p + a\rho^2)(V - nb) = nRT$

恒容热容：$C_V = \left(\dfrac{\partial U}{\partial T}\right)_V = T\left(\dfrac{\partial S}{\partial T}\right)_V$

恒压热容：

$$C_p = \left(\frac{\partial U}{\partial T}\right)_p + p\left(\frac{\partial V}{\partial T}\right)_p = \left(\frac{\partial H}{\partial T}\right)_p$$

$$C_p - C_V = \left[\left(\frac{\partial U}{\partial V}\right)_T + p\right]\left(\frac{\partial V}{\partial T}\right)_p = \frac{TV\alpha_p^2}{\kappa_T}$$

等温压缩率：$\kappa_T = -\dfrac{1}{V}\left(\dfrac{\partial V}{\partial p}\right)_T$

热膨胀率：$\alpha_p = \dfrac{1}{V}\left(\dfrac{\partial V}{\partial T}\right)_p$

压强位力展开：$p = RT\rho(A + B\rho + C\rho^2 + \cdots)$

微分公式

$$\left(\frac{\partial x}{\partial u}\right)_y = -\left(\frac{\partial x}{\partial y}\right)_u\left(\frac{\partial y}{\partial u}\right)_x$$

$$\left(\frac{\partial x}{\partial u}\right)_y = \left(\frac{\partial x}{\partial u}\right)_v - \left(\frac{\partial x}{\partial y}\right)_u\left(\frac{\partial y}{\partial u}\right)_v$$

吸热：$\delta Q \leqslant TdS$，　　热机效率：$\eta \leqslant 1 - T_-/T_+$

热力学基本微分：$\mathrm{d}U = \delta Q - \delta W = TdS - pdV$

热力学势

内能：$U = TS - pV + \mu N$

亥姆霍兹自由能：$F = T - TS$

焓：$H = U + pV$

吉布斯自由能：$G = N\mu$

巨势函数：$\Omega = -pV$

连续性方程：$\partial n / \partial t + \nabla \cdot \boldsymbol{J} = h$

流：$\boldsymbol{J} = -D\nabla n$

热波长：$\lambda_T = \sqrt{\dfrac{\beta h^2}{2\pi m}}$

位形积分：$Q = \displaystyle\int \mathrm{d}\boldsymbol{r}^N \mathrm{e}^{-\beta U(\boldsymbol{r}^N)}$

正则配分函数：

$$Z(N, V, T) = \frac{1}{h^{3N} N!} \int \mathrm{d}\boldsymbol{r}^N \mathrm{d}\boldsymbol{p}^N = \frac{Q}{\lambda_T^{3N} N!} \, \mathrm{e}^{-\beta E(\boldsymbol{r}^N, \boldsymbol{p}^N)}$$

自由能：$F = -kT \ln Z$

内能：$U = k_B T^2 \left(\dfrac{\partial \ln Z}{\partial T} \right)_V$

麦克斯韦分布：$f(\boldsymbol{p}) = (2\pi mkT)^{-\frac{3}{2}} \mathrm{e}^{-p^2/2mkT}$

简单理想气体：

$$Z(N, V, T) = \left(\mathrm{e}/n\lambda_T^3 \right)^N$$

$$U = \frac{3N}{2\beta}$$

$$F = NkT \left[\log \left(n\lambda_T^3 \right) - 1 \right]$$

$$S = Nk \left[\frac{5}{2} - \log \left(n\lambda_T^3 \right) \right]$$

$$G = NkT \log \left(n\lambda_T^3 \right)$$

$$\mu = kT \log \left(n\lambda_T^3 \right)$$

量子配分函数：$Z = \mathrm{tr}(\mathrm{e}^{-\beta\hat{H}})$

熵：$S = -\int \mathrm{d}\tau P \ln P$

正则系综分布：$P = \mathrm{e}^{\beta(F-E)}$

巨正则配分函数：$\Xi(\mu, V, T) = \sum_{N=0}^{\infty} Z(N)\mathrm{e}^{\beta\mu N}$

巨势函数：$\Omega = -kT \ln \Xi(\mu, V, T) = -pV$ 巨正则系综分布：$P = \mathrm{e}^{\beta(\Omega - E + \mu N)}$

单能态配分函数

    玻色–爱因斯坦统计：$\zeta = \left[1 - \mathrm{e}^{\beta(\mu - \epsilon)} \right]^{-1}$

    费米–狄拉克统计：$\zeta = 1 + \mathrm{e}^{\beta(\mu - \epsilon)}$

理想体系单能态平均占有数

    玻耳兹曼–麦克斯韦统计：$\overline{n}_j = \mathrm{e}^{\beta(\mu - \epsilon_j)}$

    玻色–爱因斯坦统计：$\overline{n}_j = \left[\mathrm{e}^{\beta(\epsilon_j - \mu)} - 1 \right]^{-1}$

    费米–狄拉克统计：$\overline{n}_j = \left[\mathrm{e}^{\beta(\epsilon_j - \mu)} + 1 \right]^{-1}$

费米函数

    玻色子：$f_{\mathrm{m}}(x) = \dfrac{1}{\Gamma(m+1)} \displaystyle\int_0^{\infty} \dfrac{z^m \mathrm{d}z}{\mathrm{e}^{z+x} - 1}$

    费米子：$F_{\mathrm{m}}(x) = \dfrac{1}{\Gamma(m+1)} \displaystyle\int_0^{\infty} \dfrac{z^m \mathrm{d}z}{\mathrm{e}^{z+x} + 1}$

    光子气体内能：$U = 3pV$

    黑体辐射谱：$P(\nu)d\nu = \dfrac{8\pi h}{c^3} \dfrac{\nu^3 d\nu}{\mathrm{e}^{\beta h\nu} - 1}$

中英文人名对照

爱因斯坦 Einstein

昂萨格 Onsager

奥恩斯坦 Ornstein

贝特 Bethe

波恩 Born

玻耳兹曼 Boltzmann

波戈留波夫 Bogoliubov

伯努利 Bernoulli

玻色 Bose

泊松 Poisson

布朗 Brown

察里斯 Tsallis

德拜 Debye

狄拉克 Dirac

杜恒 Duheim

范德华 Van der Waals

范坎朋 Van Kampen

菲克 Fick

费米 Fermi

福克 Fokker

福勒 Fowler

傅里叶 Fourier

弗罗贝纽斯 Frobenius

格林 Green

哈密顿 Hamilton

亥姆霍兹 Helmholtz

黑斯廷斯 Hastings

胡佛 Hoover

吉布斯 Gibbs

基克伍德 Kirkwood

贾辛斯基 Jarzynski

金斯 Jeans

卡拉西奥多里 Carathéodory

卡诺 Carnot

开尔文 Kelvin

凯莱 Cayley

柯尔莫哥罗夫 Kolmogorov

克拉珀龙 Clapeyron

库尔巴克 Kullback

库珀曼 Koopman

拉德马赫 Rademacher

拉格朗日 Lagrange

莱伯勒 Leibler

兰纳 Lennard

朗之万 Langevin

勒让德 Legendre

黎曼 Riemann

李雅普诺夫 Lyapunov

列尼 Rényi

列维 Lévy

林德伯格 Lindeberg

刘维尔 Liouville

洛伦兹 Lorentz

马尔科夫 Markov

马哈拉诺比斯 Mahalanobis

麦克斯韦 Maxwell

梅厄 Mayer

梅特罗波利斯 Metropolis

纳维 Navier

能势 Nosé

能斯特 Nernst

欧拉 Euler

帕累托 Pareto

帕斯塔 Pasta

庞卡莱 Poincaré

泡利 Pauli

佩库斯 Percus

沛隆 Perron

普莱夫卡 Plefka

普朗克 Planck

琼斯 Jones

瑞利 Rayleigh

斯特藩 Stefan

斯特拉托诺维奇 Stratonovich

斯特灵 Stirling

斯托克斯 Stokes

索末菲 Sommerfeld

泰勒 Taylor

威多姆 Widom

维恩 Wein

魏耳 Weyl

乌拉姆 Ulam

希尔伯特 Hilbert

西蒙 Simon

香农 Shannon

薛定谔 Schrödinger

雅可比 Jacobi

岩波 Iwanami

延森 Jensen

叶维克 Yevick

伊冯 Yvon

伊藤 Ito

约当 Jordan

泽尼克 Zernike

Bernoulli 伯努利

Bethe 贝特

Bogoliubov 波戈留波夫

Boltzmann 玻耳兹曼

Born 波恩

Bose 玻色

Brown 布朗

Carathéodory 卡拉西奥多里

Carnot 卡诺

Cayley 凯莱

Clapeyron 克拉珀龙

Debye 德拜

Dirac 狄拉克

Duheim 杜恒

Einstein 爱因斯坦

Euler 欧拉

Fermi 费米

Fick 菲克

Fokker 福克

Fourier 傅里叶

Fowler 福勒

Frobenius 弗罗贝纽斯

Gibbs 吉布斯

Green 格林

Hamilton 哈密顿

Hastings 黑斯廷斯

Helmholtz 亥姆霍兹

Hilbert 希尔伯特

Hoover 胡佛

Ito 伊藤

Iwanami 岩波

Jacobi 雅可比

Jarzynski 贾辛斯基

Jeans 金斯

Jensen 延森

Jones 琼斯

Jordan 约当

Kelvin 开尔文

Kirkwood, 基克伍德

Kolmogorov 柯尔莫哥罗夫

Koopman 库珀曼

Kullback 库尔巴克

Lévy 列维

Lagrange 拉格朗日

Langevin 朗之万

Legendre 勒让德

Leibler 莱伯勒

Lennard 兰纳

Lindeberg 林德伯格

Liouville 刘维尔

Lorentz 洛伦兹

Lyapunov 李雅普诺夫

Mahalanobis 马哈拉诺比斯

Markov 马尔科夫

Maxwell 麦克斯韦

Mayer 梅厄

Metropolis 梅特罗波利斯

Navier 纳维

Nernst 能斯特

Nosé 能势

Onsager 昂萨格

Ornstein 奥恩斯坦

Pareto 帕累托

Pasta 帕斯塔

Pauli 泡利

Percus 佩库斯

Perron 沛隆

Planck 普朗克

Plefka 普莱夫卡

Poincaré 庞卡莱

Poisson 泊松

Rademacher 拉德马赫

Rayleigh 瑞利

Rényi 列尼

Riemann 黎曼

Schrödinger 薛定谔

Shannon 香农

Simon 西蒙

Sommerfeld 索末菲

Stefan 斯特藩

Stirling 斯特灵

Stokes 斯托克斯

Stratonovich 斯特拉托诺维奇

Taylor 泰勒

Tsallis 察里斯

Ulam 乌拉姆

Van der Waals 范德华

Van Kampen 范坎朋

Wein 维恩

Weyl 魏耳

Widom 威多姆

Yevick 叶维克

Yvon 伊冯

Zernike 泽尼克

索　引

后　记

统计力学是理论物理学的一个分支，是一门基础科学，它运用概率论研究微观状态不确定的宏观系统的平均行为。从经典的观点看宇宙，基本规律本质上是力学的，力学运动定律是决定论的、可逆的，但这与日常经验相悖。统计力学建立微观定律与宏观行为之间的联结。

统计力学这门学科扩充很快，并继续在不断扩充。本讲义的目的不在于全面介绍该学科，而在于讲解其最基本的一些观念。统计力学的特色在于它的广泛应用性。大家在关注它的繁枝茂叶时，往往缺少一些追根的热情。平衡统计力学的运算法则看似简单，但对之有深刻而准确的认识，并不容易。

在历史的发展上，分子运动论和非平衡态的理论先于平衡态统计力学。分子运动论着重分子轨道而非分布，致使分布概念未能占据其在非平衡态统计力学中应有的位置。

物理学的目标，是用最少的几个基本概念为基础，来理解和预测系统的行为。物理洞察力，是迅速而直接了解有重要意义的那些量及其关系的能力。掌握少数几个基本概念，要比记住大量凌乱的结论和公式重要得多。学习这种本领的过程应该是积极主动的，单纯阅读或死记硬背难有效果。教科书只是提供一种指导，不要以为书中的内容都是正确的，你应该持批判审查的眼光去看。只有努力深究，才有可能在前人还未发掘的地方发现新的关系和简单性。